学习提问

如何提出有价值的
研究问题

张 静 著

中国人民大学出版社
· 北京 ·

前　言

　　提问是天赋还是技能？能不能总结出一些要点，加以学习来改善提问？对于这些问题，老实说，我并不确知答案。在儿童成长的早期阶段，很多家长都被孩子不断的提问困扰不已，孩子未经任何技能训练，却能问出家长有时也难以回答的问题。但随着年龄的增长，不少人逐渐停止了提问，因为儿时不知道的如今已经知道，了解之后就不再好奇。但是，对于不知道的东西呢？为何好奇心到成年之后就丢失了？

　　提问是人们主动与环境进行交流的方式。但在教学中，我发现困扰学生最多的是如何提出问题。不少论文实际上并没有提出研究问题，甚至没有沿着正确的研究问题前进。老师指导的重要作用是帮助学生理清目标——论文究竟要回答什么问题，但是学生似乎更希望老师给出问题，你提问，我回答。我曾经随机展开一些调查，比如在出差旅行中，当身边旅客有学生的时候，我问他们学习经历中最大的困难是什么。我得到最多的回答是：开题受挫，自己设想的研究问题一再被老师否定。他们觉得很诧异，为何自己的研究问题总是被否定？很多学生不敢在课堂讨论中发言，原因也是担心自己提出的问题不够好。

为何会有此担心，而不是像儿童时期一样，只要有不懂的就问？除去成年后出现的各种心理负担，比如害怕"暴露无知"之外，还有一个重要的原因，就是无法辨别问题的好坏，专业术语叫问题的价值——为何它是值得研究的？儿童时期的好奇不需顾及价值，可研究性提问就不同了，因为它是具有特定目标和逻辑的探索性活动。提问是认识的开始，更是学习的开始，穷于提问意味着认识和学习能力的下降。

然而，如何使这些能力提升，通过学习是否可以提升提问的能力？

在一次讨论社会科学研究方法的沙龙上，中国人民大学出版社的朱海燕编辑发现，很多学员都困于如何提问，遂邀我写一本"轻教科书"，针对普遍的提问困难，说明如何提出好的问题，进而提升相关能力。比如，研究工作的思维逻辑是什么，从哪里发现问题，什么是有价值的问题，研究性提问指向什么，如何拎出未解的困惑，如何提升问题的一般化水平，理论对于提问有什么作用，个人经验、伦理和社会文化环境对提问有何限定等。那是我第一次听说，还有"轻教科书"这种图书：它力图以较为轻松的形式讲专业，简洁并针对实际，有例子可借鉴，短时间能够读完，可以随身携带。

我很犹豫，因为研究性提问是一种追踪不解的思考方式，它推动知识甚至是文明的演进，只为人类所特有，很难标准化。虽然常听到某些指点说，那是一个错误的问题，但这往往只代表了某种角度或理论传统的评判。离开了前提条件，提问就很难有绝对不变的优劣，不是技巧，也就无法训练。追踪未知的动力和旨趣在于研究者自身，如果自己没有想要弄清楚的问题，如何靠别人教会？但海燕说服我放下顾虑。她说："不管能否教会，总结一点经验让读者去领会也是好的，知道和不知道研究性提问的思维逻辑，还是不一样的。"的确，很多人是先模仿后上道的，于是我下决心写出这些有关提问的心得。

如果读者是刚开始从事研究的新手，对研究选题感到茫然，在很多想法中不知所措、难以作出选择，无法判断自己的研究问题是否可做；或者如果读者处于研究水平提升的过渡期，正在寻找更有深度和价值的研究问题，那么希望这本小书能有一些帮助。

区区几万字，我不敢奢望能够教会提问，但如果读完发现研究性提问并不简单——不是仅指找到一个可以交差的研究问题，而是有关一系列发现的思维方式启迪：发现现象，发现现象中值得注意的焦点，发现用什么样的提问准确表达它，发现有关的答案我们已经知道什么、还不知道什么，发现这个问题是不是重要，其有助于解决哪些宏观问题等——就证明学到了东西。

张　静

目 录

提问的目的

从事研究是一项有明确目标的工作，它不是在街上闲逛，也不是表达自我感受，而是要向一个明确的目标前进。这个目标，就是获得有意义的发现。社会科学研究就是从自我之外的社会中获得有意义的发现。强调自我之外，是想说研究并不是表现自己，而是阐述对社会的认知。所以，提问是一种学习，研究者通过不断提问向社会学习，进而将学到的东西阐述出来，使之可以传递。

学习的关键有两点，一是发现，二是有意义。发现，是指想要了解尚未知的东西，但并非仅仅是自己未知，更高的标准是学界未知，包括中文以外的学界未知。这当然不是一个容易的目标，因为首先需要了解他人已知了什么。有意义，是指具有知识价值。比如，我发现某处有一把红椅子，在这个地方它第一次出现，以前这里只有板凳，这符合第一个条件。但也许不符合第二个条件，因为红椅子在别处很普遍，有关它的知识人们已经掌握，所以上述发现不太具有知识价值。除非颜色赋予椅子更多的含义，比如红椅子在禁忌的地方出现，作为一种排他的新标签——使用者社会身份的表达，那么，为何能在禁忌的地方出现红椅子，方可成为有意义的研究性提问。

学习的关键有两点，

一是发现，二是有意义。

由于发现只是人类活动众多旨趣中的一种，所以研究性提问是受目标限定的、纯粹的，这需要克制、自律及明辨。不关心有价值的发现，人们的日常生活可能不会受什么影响，但在研究活动中，常常会出现其他目标的"干扰"，在不自觉的情况下使研究偏离发现，走向其他目的。尽管很多目的有其存在的合理性，但它们不同于研究的目的，很容易被混同于研究的目的。

由于发现只是人类活动众多旨趣中的一种，
所以研究性提问是受目标限定的、纯粹的，
这需要克制、自律及明辨。

　　比如育人，其目的是教导人向善，把受教者变成
"好人"或"具有某种能力的人"。这是一件对的事，
但和发现的目的不同。育人需要将道德判断作为主要
标准，自然指向这样的问题：应该成为什么样的人？
何者为善？为何善有利于人的社会生存？等等。比如
宣传，其目的是要传播一个理念，或者一种思想体系、
学说与传统，并对其含义进行微言大义的理解宣讲。
这个目的关注的问题是它为何正确，为何必须坚持等。
比如论战，其目的是表达支持或者反对，赞扬或者批
判，帮人帮学说开展战斗，扳倒攻击者，所以它所关
注的问题是：为什么对方提出错误的见解、为什么某
种主义不正确等。比如总结报告，它关注政策实施成
就，所以焦点更多不是问为什么问题会发生、为什么

有些政策会失效，而是指向表彰或经验介绍等。这些研究都是以问题为导向，因为它们都有明确的提问，但其问题所指的内涵与我们所说的发现有异。

严格意义上的社会科学研究，与这些目的有所不同，它的问题内涵，指向探索和认识未知，即面对社会现象，去发现我们尚不知道的表现特征、行为模式、关系变迁和原因定理。这个目标，使学术研究的提问指向三个方向：是什么（针对事实现象）、怎样运行（针对演进过程）、为什么（针对因果联动关系），试图探求不同事实间的影响关系，终极目标是发现知识（特征、关联、定理、原理和公理等），以便能对社会中广泛存在的经验现象进行解释和预测。

始于探索

如果把研究活动看成开车，那么提问就如同导航，它为研究行进设置方向，目标就是走向这个问题的答案。如同可以采用不同的方式和途径达至目的地，我们可以选择不同的问题来导航研究，而没有问题就相当于开车没有方向。如果研究缺乏由问题导向的目标，通篇文字就会成为没有联系的堆积，因为根本没有想要回答的东西。在这个意义上，可以说提问是发现的开始，一直琢磨想要找到答案才会有动机提问。

探索常常和提问同步，没有问题意味着头脑没有在探索。对于部分研究新手来说，探索什么常常是一个难题。不知道要去探索什么，如何能提出问题呢？这可以理解，并非所有的人天生就有探索的兴趣。不过作为学习者，不妨看看有质量的研究文献，了解它们在探索什么。

探索常常和提问同步，

没有问题意味着头脑没有在探索。

第一，它们试图发现事实，以此不断纠正错误的"事实"。比如，是否越来越多的年轻人缺乏生育意愿？如果事实如此，那么未来中国的主要问题是人口太多，可能就成为要纠正的错误事实。再比如，是否农地的社会保障作用降低了？如果事实如此，那么自留地可以降低农户的生存风险，可能就成为要纠正的错误事实。

第二，它们试图比较事实，以便发现某些事实的特征、性质和作用。比如，一个国家的生活水平，更多取决于人均产出，还是货币收入呢？[①]这个提问必须比较两个事实（产出和收入）的特征、可持续性条件及其激励性后果。对事实进行比较，有助于认识贫穷的

———————————

① 托马斯·索维尔.财富、贫穷与政治.杭州：浙江教育出版社，2021：8.

真正来源，搞清贫穷究竟是源于分配还是生产。

第三，它们试图发现事实的变化，包括量变和质变。比如，在生产型社会到消费型社会的转变过程中，如何再造了一种没有生产位置、不事消费的新型穷人？[①] 这个提问试图为富裕社会为什么还存在大量穷人这一问题寻找答案。

第四，它们试图发现事实和观念的关系，以便人类可以从这些知识中获益（学习经验教训）。比如，民事纠纷判案体现的财产观念变化，回应了什么经济发展问题呢？[②] 这个提问试图发现，"经济时代变化"（从静态的农业经济时代到动态的有效开发、利用更多自然资源的时代），与法律断案原则（关于财产的观念）之间的关系和相互影响。

第五，它们试图发现事实间影响关系中包含的原理、定理和公理，将其总结为理论，纠正错误的理论，以便能更准确地解释事实。比如，英国是如何成为一

---

① 齐格蒙特·鲍曼.工作、消费主义和新穷人.上海：上海社会科学院出版社，2023.

② 莫顿·霍维茨.美国法的变迁：1780—1860.北京：中国政法大学出版社，2004：243.

个现代国家的？[①] 这个提问试图发现：有哪些事实对现代性的产生及扩散发生了关键推动作用；如何总结这些关系中的一般原理，以便预测朝向现代的转型进程是否开启。

这些研究都试图发现什么，它们力图通过研究找到答案。这使我们意识到，研究性提问总是基于已有的认识或未来的认识。

这使我们意识到，
研究性提问总是基于已有的认识或未来的认识。

无论它们的研究主题是什么，几乎所有的研究都试图纠正错误的认识，这表现为主题不同但关切点类似——这是真的吗？证据何在？证据可靠吗？为何令人相信？在什么条件下适用？具有多大概率的解释范围？可以经得起比较和长时间的检验吗？它们为何会发生变化？是趋势性还是偶然性的变化？其变化的条

① 詹姆斯·弗农.远方的陌生人：英国是如何成为现代国家的.北京：商务印书馆，2017.

件和基础是什么？这些问题引导了知识探索活动。显然，研究者都是对探索感到兴奋的人，他们总是不停歇、不满意，所以能够不断提问，去寻找更真实、更确定的答案。

任意提问

　　有一些抬杠者提出，为什么提问一定要有价值、一定要发现新知、一定要展现与已有结论的不同，难道非得要我们作出贡献吗？人生不追求贡献和成功，只想体验自认的精彩，更轻松快乐地任意提问，不可以吗？

　　坚持自己的标准当然可以，但这是一种生活方式，不是一种研究方式。因为研究的价值是由知识共同体评价的，不是由个人单方面评价的。一个人从事研究，等同于加入了知识共同体。这是所有研究者的交流群体，经过多年的积累和选择，形成了一系列的专业标准，并运用它们将一些有求知潜力的人"改造"成研究者。磨合若干年，遵守规则合格，否则出局。人们可以不喜欢这种标准，但无法改变。

研究者自然可以挑战已有的标准，但要看是什么性质的挑战，其价值是什么。如果一个人的想法是，不想被任何条条框框逼着跑，本人就慢悠悠溜达，讲讲自己的体会，不想阅读很多，不想关心他人的解释，也不按照所谓的逻辑行事，而是特立独行、走自己的路。这么做行不行？完全可以。但是在其独有逻辑受到承认（其价值被发现）之前，无论如何吆喝，对知识的逻辑完全构不成有意义的挑战，因为吆喝的声音不会激发知识界的认真对待，只有有价值的挑战才会。在新逻辑和标准获得广泛共识之前，即使要推翻、改进它们，也有确定的标准要遵守。而拒绝学习，试图以不承认了事，除了面临淘汰，解决不了任何问题。

专业性提问确实不轻松，
但它磨砺的不是异想天开的个性，而是思维逻辑。

专业性提问确实不轻松，但它磨砺的不是异想天开的个性，而是思维逻辑。很多有个性的研究者另辟蹊径，提出了不错的研究问题，但他们并非忽视前人的研究，而是对前人的研究了如指掌，他们也并非巧走捷径，而是经过了艰苦的探索。

　　研究工作讲究拙而不巧，试图讨巧或哗众取宠，经验证明走不了多远。一时的胜利可能会实现，但长久持续的成功则无望。如果总是感到四处碰壁，应及时反思是否入错了行，自己的思维方式和理性能力是否适合从事研究工作，无须硬逼自己走不适合的路。

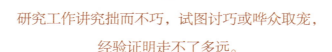

研究工作讲究拙而不巧，试图讨巧或哗众取宠，
经验证明走不了多远。

　　曾经有一个关于"何为专业记者"的争论。争论的双方持有不同的观点。一方认为，记者是一个记录讲述者，他打开事实让观众走进去，看到它的真实性。另一方认为，记者是一个表现艺术家，他要吸引观众去看，这样的话个性和特点就成为必需。如果说，前者的角色是打开事实，后者的角色是吸引观众，那么研究活动则类似于前者，它看重的不是谁的表现更吸引人，而是谁提供了真正的知识。因此，必须区分个性与无知，就像区分抓住时机和机会主义一样。不要把无知当成个性，也不要把机会主义当作抓住时机，它们的关键差别在于，是否把发现知识作为单纯的目的，持续进行观察、证明和思考。

必须区分个性与无知，

就像区分抓住时机和机会主义一样。

人文与社科

　　研究是对人类生活的社会环境及自身行为进行了解的一种认识活动。在广义的文科（包含人文和社科）研究中，常见的认知方式有两种：解读和解释。二者并非互不相干，但都形成了有特点的认识目标。

　　解读的目的，主要不在于寻找事物内在的逻辑联系，而是深入理解人类活动的意义，厘清其在特定文化条件下的含义。解释的目的则是寻找事物间的影响关系，比如变动的因果、演进机制或是历史关系。因而，解释是一种对话式的研究。① 和谁对话？和已经存在的解释对话。这两种认知方式影响了人文和社科研究中的提问方式。

――――――――――――――

① 　赵鼎新.解释还是解读：人文社科出路何在.社会观察，2004（6）.

相较于解释，解读有更长的传统。比如传统中国对历史的研究，常常是抒意、策论、考据和颂圣，解读需有较高的洞察、耙梳（典籍）和语文表达水平，方能精到抒发、阐述见解。抒意是以表达作者内心为中心的，比如表达境遇和感慨；策论是以谋略策划为中心的，比如奏折论述战略观察和行动理由；考据是以实物或文本为中心的，比如考古发现、旧典寻据；颂圣是以历史合理性、正当性为中心的，比如追溯历史由来。因而解读重在再现理解，对事件、典章、纪要或文案进行深度说明。在今天，这种认知方式更常见于人文学科，它往往关切这样的问题：这是不是真的？它是什么意思？其优劣在何处？应该如何看才正确？

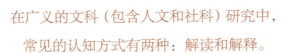

在广义的文科（包含人文和社科）研究中，
常见的认知方式有两种：解读和解释。

社科研究的主要目标与此有别。它不假定一个事物，而是认为它具有自己的客观本体性质，即使是认识也无法改变。所以认识的目标在于寻找客观现象的因果关系，所以要问：它是什么？有何特征（描述现象）？为何如此（解释原因）？并试图把这一解释一般化为原理命题，也就是理论。相比于解读的悠久历史，解释作为认知方式是晚近才出现的，它受到近代科学革命的影响。

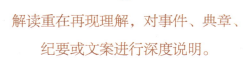

解读重在再现理解，对事件、典章、
纪要或文案进行深度说明。

　　显然，不同的认知方式影响提问关注的方向。比如，同样是研究一个代表人物的思想著述，解读者的重心问题一般是如何理解作者的论述，之前的理解有何失真；而解释者的焦点目标往往是著述对于社会现象的反应关系，即把社会和思想放置在一对因果关系中，先寻找原因——出现了什么社会现实，为何思想界会出现这种反应，再挖掘结果——这些思想对后来的社会发生了什么作用，以期来揭示社会和思想之间的影响关系。

拙进质疑

最近有个挺热的词，叫"小镇做题家"，是指通过考试努力改变命运的人。他们的秘诀是大量做题，熟练掌握各种题型的攻略套路，快速趋近标准答案。很多评论认为，这是一种应试训练，与提问能力的提升关系不大。

为什么呢？因为提问是一种探索性思考，寻求有更多信息的可能，而非一种标准答案。相反，如果确信有标准答案，往往就不再对其进行提问，因为这种提问的结果，最多就是依据标准答案给出"是"或"否"，不过是一个死局。死局意味着不存在任何进一步探讨的可能性，无法再进行质疑，思考就存在闭环。[①] 做题者一般不需要提问，因为题目是他人给的，

① GIARRUSSO R, RICHLIN-KLONSKY J, ROY W G. A guide to writing sociology papers. New York: Worth Publishers, 2007.

或是已定的；做题者也不需要质疑，因为这会耽误时间，影响做题的速度；做题者更不需要批评，因为对抗标准答案不利于自己的分数。这些不需要，实际上在阻止做题者进行探索性思考，因为过多的思考并不能给做题者带来想要的高分收益。

提问是一种探索性思考，
寻求有更多信息的可能，而非一种标准答案。

但研究性提问极大地依赖思考。这包括自主性思考——是否还有更重要、更基础、更真实的问题需要设定；怀疑性思考——已知的标准答案是否正确，是否存在替代性答案；批评性思考——这个问题是否成立，是否值得探索，有什么价值；开放性思考——答案是否还需要改进，如何回应批评者的诘问。

显然，思考需要勇气。比如，是否敢于直面重大问题，而不是回避？是否左躲右闪，就是不肯揭示真正的困境是什么？为何惯用的方法会失效？不回应棘手的理论和实践问题，很多时候并不是因为未意识到，而是因为缺乏勇气。对于严谨的研究者来说，勇气不是用来展示人设的，比如故意对着干、采用激烈高调的语言，而是用来提升研究的价值和建设性的。不直面真正且重大的问题，就难以触及理论和实践困局的关键，更无法为问题提供真正有效的指引。

> 不直面真正且重大的问题，
> 就难以触及理论和实践困局的关键，
> 更无法为问题提供真正有效的指引。

　　研究性质疑是拙进，不是讨巧夸张，或因深奥难懂夺人眼球，它需要质朴无华的目标。比如，由于快递员没有明确的雇主，所以快递员普遍没有建立社保档案，那么他们的工伤由谁负责？这就引出了一个有关网络用工的保险责任的研究问题。可是在一些研究中，该问题变得花里胡哨："风险博弈：生存空间如何扩大？"首先，这个提问不直接针对具体问题，它可以放到许多案例中，单看提问并不能知道具体针对什么。其次，它试图利用紧张的修辞，比如生存和博弈，暗示一种危机，以提高问题的关注程度。这种情况的出现，往往都是在提问的目的中不自觉地掺杂了其他东西。讨巧暗示虽然可以吸引一时的关注，但拙朴、直接才能够行远。因为研究问题的质量取决于它的内容，而非对它的包装。

研究性质疑是拙进，不是讨巧夸张，
或因深奥难懂夺人眼球，它需要质朴无华的目标。

学位论文的深度

　　大学老师经常会面对学生的疑问：为何我的开题被否？为何开题委员会的老师对我的研究问题不满意？怎样才能提出一个更好的问题呢？

　　"更好"在这里是一个价值判断，可以包含很多意思，比如合理不合理、真实不真实、准确不准确、专业不专业、是否可行（能获得资料证据）、是否已经存在答案、是否值得研究、是否达到学位论文的深度水平等。由于价值判断具有多元性，所以我们很难设立明确的标准，更难把这些标准陈述出来。因为知识探索是无止境的，过去的好未必是今天的好，今天的好也未必是永远的好。

　　但如果这样，所谓的好就完全是相对的、比较性的。本科论文可以指向博士论文选题，硕士论文也可以只达到本科的水准，是不是不同的学位论文不存在深度差别的基本标准呢？目前大学对不同学位论文都有最低字数要求，以北大文科为例，学士论文 8 000字；硕士论文 30 000 字；博士论文 80 000 字。这些是最低字数要求，实际上多数学生都会超出该要求。字数要求能够体现难易程度，它只算是一个篇幅标准，深度如何体现呢？

因为知识探索是无止境的，过去的好未必是今天的好，今天的好也未必是永远的好。

所谓深度，常常和需要运用何种知识及能力、达到何种目标才能完成对问题的回答有关。从这个角度出发，我们可以从几个方面——需要运用的知识、提问目标的层次、需要的基本功（能力）——说明其深度递进需要再加什么，来帮助新手判断并选择自己希望达到的标准。表 1 以社会学专业为例，列示了不同学位层次对论文深度的具体要求。

所谓深度，常常和需要运用何种知识及能力、
达到何种目标才能完成对问题的回答有关。

表 1　学位论文的深度

	学士	硕士	博士
需要运用的知识	根据资料证据支持，使用专业概念，描述一个事实现象	根据资料证据支持，使用专业方法，分析事实间的关系	根据资料证据支持，针对理论解释，使用专业方法，揭示影响事实的原因，提出一种解释
提问目标的层次	发现现象	发现现象间的关系	发现解释现象的理论（原理）
需要的基本功	收集资料、掌握专业概念、描述（现象）、界定（特征）、列举（证据证明）	除学士论文需要的基本功外，还包括：运用方法（分析工具）、分类（识别定位）、比较（异同）、澄清（混淆）	除学士论文和硕士论文需要的基本功外，还包括：评估（价值）、推论（潜在关联及趋向）、因果解释、一般化提升

研究选题

  在大学，硕士生和博士生就读期间，都需要经历一个开题环节：学生提出并论证未来论文的选题，由几个教师组成的委员会评估研究问题是否可做。教师考量的首先是选题的重要性：所提问题是否值得研究？这包括它是否是一个面对实际的真问题，而非臆想杜撰的；是否是一个能够顶天（有理论或概念突破）、可以立地（基于事实）的问题。[①] 除此之外，教师还要考量选题的可行性——学生是否有能力做此选题，比如是否能获得足够的资料以顺利完成等。显然，如果没有前期充足的准备，选题可能被否。

  可以通过自问以下问题，为论文开题做准备：这

---

① 张俊森.关于论文选题与写作的几点体会和建议.（2022-05-16）.西财智库.

个选题是否具有重要性、紧迫性、公共性、基础性
（注意热门与重要是有区别的）？它能否提供新事实或
者新证据？它能否揭示新机制或者新关系？它能否提
供新解释或者拓展现有理论到一个新高度，补充或发
展已有理论？它能否解决一个实践难题？这个选题能
否整合不同领域的研究？比如对问题进行拓展，对其
他学科产生影响？选题是否具有一般性意义，能够和
具有广泛的普遍性的问题相联系，而非仅仅具有特殊
性？如果开始调研，能否收集到足够多的证据来支持
这个选题？自己是否熟悉选题所属领域的重要议题？
它们和自己要研究的问题有什么关系？无须求全，作
为一篇论文，也许对这些问题之一有预期贡献，便可
施行。

（准备选题）必须关注已有的知识，
熟知他人、分析他人、评估他人。

说实话，这的确很不容易，需要在前期付出巨大
努力，阅读大量材料，面向相关的经验研究和理论研

究，理解它们的议题方向，评估它们的成果价值和结论缺陷，进而从这些令人不满之处出发，提出希望研究的问题。做到这一点，必须关注已有的知识，熟知他人、分析他人、评估他人。定位哪些重要议题和自己的兴趣有关，考量自己是否可能作出新的贡献，还要把预期的贡献究竟是什么在开题中清晰阐明。这要求以前人的研究为基础，而不是绕过他们，但又不原地踏步、重复已有的论题。有一些选题虽然很重要，但如果知识储备难以胜任，或者因为环境或渠道的原因，很难独立获得充足的材料，那么这样的选题即使开始最后也可能难以完成，所以需要未雨绸缪，尽早放弃。

定位哪些重要议题和自己的兴趣有关，

考量自己是否可能作出新的贡献，

还要把预期的贡献究竟是什么在开题中清晰阐明。

系统性思维

　　杜威在谈到什么是思维时，特别指出了片段性与系统性的差别。他认为，真正的思维应当是系统性的。系统性思维的反面是片段性思维，表现为就事论事、互不连贯的即时反应。片段性思维不仅不会深入设问，探索现象的法则和原理，甚至在获取信息的层面上，也不会关心信息间的相互关系，所以就更不可能通过增加信息，获得对某一知识的整体认识。①

　　对于提问，系统性思维非常关键。比如，当我们把一个主问题分成几个子问题来分别阐述时，需要判断为何是这几个子问题而非其他，它们和主问题有什么关联，为何这些关联十分重要不可忽略，为何证实

---

① 　约翰·杜威.我们如何思维.北京：新华出版社，2010.

了所有子问题，方有利于主问题得出结论。所有这些
选择都有赖于研究者的判断，而只有系统性思维才能
帮助我们作出判断。

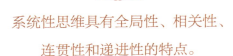

系统性思维具有全局性、相关性、
连贯性和递进性的特点。

　　系统性思维具有全局性、相关性、连贯性和递进
性的特点。这就需要掌握事物的特征（性质）、所属
（关联）和逻辑（推进）。特征是指对事物属性要点的把
握，比如，一场社会革命的特点（社会结构的变化）与
其他的普通变迁有何不同？所属是指了解事物的相关
关联，比如，社会革命有哪些群体参与其中？重要的
推动角色是谁？不同角色群体的关系如何？逻辑是指
可以有力展示观点的方式，即方法，它是研究的共同
基础，可以使材料得到合理组织化。比如原社会结构
关系发生了哪些变化？变化表现在哪些方面？机制是
什么？如何展示这种机制？系统性思维把推动事物的
原因、达到的结果、实现结果的过程、后续影响等问

题，作为一个互相支撑的关联现象进行思考。

系统性思维需要一种整体观，包括对各种信息之间的关联有充分敏感性。系统性思维者预设，人类行为虽然差异万千，但总会共享某些一般性，比如追求生存安全、互惠互利、合作效率、分享目标等，而且常常经由互动相互影响。这些行为有重复再现的可能，有特征和轨迹可以捕捉。故群体的行为受到重视，因为它们影响广泛，具有共享性，易于扩散习得，相互形成行动预期。

系统性思维需要一种整体观，
包括对各种信息之间的关联有充分敏感性。

难以想象没有共享预期的社会能产生秩序，这就好比乘客上了一辆出租车，他预期车会开向要去的地点而非他处，司机则预期乘客会付款而非逃走，共享预期使租乘关系形成常态秩序，它们如同社会合约形成确定感，系统地巩固着不同职业的角色关系。个人的行为在此分析中价值不大，是因为它很难对全局发生系统性影响。比如路人打架不是值得注意的研究问题，只是具有群体特征——职业、性别、受教育程度、组织、党派、信仰团体、宗族——的路人冲突，如果它们不断再现，就会进入系统性思维者的视野。如果缺乏系统性思维，就很难意识到哪些信息是重要的、它们之间有何关联。因此，系统性思维能帮助研究者进入广阔信息的关联中，提出更深入立体的研究问题。

系统性思维能帮助研究者进入广阔信息的关联中，提出更深入立体的研究问题。

为困惑增加信息

　　阅读好的研究文献，就不难发现它们都包含了困惑，没有困惑，提问就不可能是活的。在明确针对点的触发下，因困惑不断"生长"出一系列问题。困惑不仅是基于材料证据的，更与研究者的敏锐度有关，并非针对同样事实的人都能捕捉到困惑。提出困惑是一种发现能力，但有学者将其理解为一种构造技巧[①]，是为大错。

　　一群人一起到调研地，面对同样的事实和数据，不是所有人都能意识到其中存在尚未解答的困惑。困惑不会自然走出来，而是被研究者发现的，它是证据、观察和思考共同作用的结果。比如，常见一种现象，

　　① MEARS A. Puzzling in sociology: on doing and undoing theoretical puzzles. Sociological Theory, 2017, 35(2)：138–146.

同样的商品，在不同的地方定价不同。一些人认为司空见惯、很平常，提不出研究问题。但有的研究者提出困惑：为何有些商品在富裕地区反而卖得更便宜？这个困惑源于联系和比较性思考：把商品定价和商业活动的制度环境联系起来，才可能通过提问对不同地区的制度成本和商品定价的关系进行比较。而认为一切平常者，没有进行这样的思考，因此他们很少有机会进行这一研究。显然，善于发现困惑很重要，我们甚至可以说，提问是在用问句揭示对困惑的发现。

困惑不会自然走出来，而是被研究者发现的，

它是证据、观察和思考共同作用的结果。

不同的困惑具有差异性，它们影响着研究的走向。比如在上个例子中，为何同一商品在不同的地方价格不同，可能会引出两地现今制度的比较研究，也可能会引出两地的历史比较研究。如果提出的困惑是这个商品的原材料由本地提供，为何在本地反而更贵，那么很大概率会引出历史研究——挖掘本地商业组织化

的历史来源。如果提出的困惑是这个商品的原材料大多都是外来的，为何在本地更贵，极有可能会引出交易成本研究——是否此处交易成本更高？为何更高？这些提问虽然都包含对差异现象的关注，但思考重点不同：关切差异的提问，多走向制度结构的特征和影响分析；而针对历史方面的提问，多走向变迁、演进或状态形成的路径依赖分析。在这两种情况下，研究提问引导的证据搜索会很不一样。

不同的困惑具有差异性，它们影响着研究的走向。

　　比如有这样一个研究问题：为何近年来基层治理难度增大，原来有用的治理方式变得低效？这一问题包含的困惑点在于，经过 40 多年的改革开放，中国的经济条件在改善，投入治理的人力和财力在增加，政策出台日益增多，但管理者的权威却并没有明显的增强，为什么呢？这个困惑点在研究中"生长"为研究问题，希望后续研究能够解答此困惑。
　　进一步，可以通过对已知文献的评估，来增加信息的厚度，了解困惑是否重要、是否值得研究。比如还是关于基层治理的问题，学界实际上已经存在很多解释，这些解释或从社会阶级，或从政治制度，或从外来意识形态争夺，或从干部行为变化方面给出答案。虽然不同程度上它们提供了启发性的建议，但仍存在一些困惑无法解答：为什么在中国，不满的情绪不一定来自收入和地位最低的群体？研究问题是沿着对困惑的思考不断生长的，它们试图揭示与困惑有关的多种信息。对困惑的解答动力，将推动研究者开始进一步发现的旅程。

从现象出发

　　根据问题的针对点分类，是最为常见和基础的，是从现象出发进行提问，其主要的目标是弄清楚事实是怎样的。比如，当今常见的社会冲突是什么？什么产品受到消费者欢迎？大学中哪些专业很少有人报考？回答这些问题，必须依靠事实证据，它们是可观测、可显现、可共享的客观事实，需要通过研究，描述、展示、报告出来。

　　面向事实的提问可以有一些变换形式，比如理解事实的特点、差异、性质和影响作用。这些问题仅依靠描述难以回答，还必须进行分析、对照（比较）和推论。常见的做法是，捕捉到一个有特点的事实，发现它与其他事实有差异，通过研究寻找答案，揭示为何会出现这一差异。例如，大家都熟悉的"李约瑟之问"——为何近代中国科学创新能力下降。作者从"近代中国的科技创新数量减少"这个现象出发进行提问。他观察到，中国早期的技术发明有很多，比如火药、指南针等，而且在同一时期，其他国家尚没有出现用于人类活动的类似发明。但在进入近代后，中国的科学技术的发明（相对于其他国家）数量减少了。从这个现象出发，作者试图求解，是什么原因导致中国的科技创新能力下降。

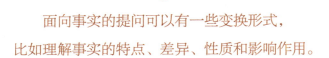

面向事实的提问可以有一些变换形式，

比如理解事实的特点、差异、性质和影响作用。

对事实提问还可以通过研究澄清事实，即面向一个广泛公认但可能存在误解的事实提问：它究竟是不是真实的？比如，有一个认识在社会科学领域中根深蒂固：美国是一个典型的自由主义国家，特点是奉行政府最小干预的政策，但有学者提出了问题：这是否符合事实？①

---

① 莫妮卡·普拉萨德.过剩之地：美式富足与贫困悖论.上海：上海人民出版社，2019.

> 对事实提问还可以通过研究澄清事实，
> 即面向一个广泛公认但可能存在误解
> 的事实提问，也可以反过来，
> 面向一个被广泛忽略的事实提出问题。

也可以反过来，面向一个被广泛忽略的事实提出问题。比如，在国际关系研究中，人们普遍把主权国家作为发挥作用的行动体。但有学者发现，在近代欧洲帝国主义扩张的早期，由于国家的职能并未完全显现，故参与者不仅仅是主权国家，还有一种"跨国家"的经济主体。比如荷兰东印度公司，这是一个商业机构，但与当时的政治及商业精英形成了一种非国家式的关系。运用这种关系建立合约、达成有效交易，而不是依靠国家外交或法律惯例，这些"跨国家"的经济主体，事实上将世界市场编织成有多种可能的相互连接的网络。这些经济主体的主要作用被严重忽视，所以研究者提出的问题是：对于现代国际秩序的构造，

跨界的经济主体发挥了什么作用？ ①

这几类提问形式都针对事实的发现及澄清，它们力图展示事实的特征、变化和作用，属于基础又常见的提问形式。

---

① SHARMAN J C, PHILLIPS A. Outsourcing empire: how company-states made the modern world. Princeton: Princeton University Press, 2022.

从理论出发

    针对已知的理论逻辑提问，在高水平的经验研究中很常见，其基本思考模式为：这个理论是否可以解释当前事实？这类提问的目标在于验证、修补、质疑或者推翻现有的解释，寻求替代性的解释逻辑，使之成为一项新的原理发现。

    从理论出发，往往是从理论阅读中发现求证点，然后联系经验现象，从中寻找证据，审核某理论逻辑是否正确。比如 20 世纪 50 年代，中国史学界的大讨论——资本主义萌芽在中国历史的哪个阶段出现的？这个提问是从马克思的人类社会五阶段论出发的，这个理论把社会主义看成资本主义危机的产物，界定其位于人类社会更高的阶段。根据这一论点关照中国历史，一个自然发生的疑问就是：既然中国已经进入社会主义阶段，那么应该在其之前的资本主义阶段是何时开始、何时结束的？怎样辨别它在中国的哪个历史阶段？

从理论出发，往往是从理论阅读中发现求证点，

然后联系经验现象，从中寻找证据，

审核某理论逻辑是否正确。

针对理论的进展提问，在文献文本、代表人物、思想体系的研究中很常用。这类提问的目标是探索理论演进，理解其中的联系（继承）或差异（突破），以及影响（后果）。比如，结构分析出现了哪些新进展？它如何基于历史和社会基础的探索，修正了部分关键预设，克服了早期的静态、演绎、基于定义的抽象分析局限，获得新的生命力？[①] 这个研究提问主要指向差异（突破），它是从结构分析的基本原则或者理论标准出发的。

---

① 张静.结构分析落伍了吗？：基于历史经验的研究推进.社会学评论，2021（1）.

针对理论对现象的解释局限提问，在社会科学中更为常见。其思考方向是运用已知的理论逻辑观察一个现象，发现现实中并没有出现相应后果，解释不通，说明理论与事实存在矛盾之处，进而提出研究问题：已知理论的缺陷在哪里？面对新现象的正确解释应是什么？比如，学界普遍的观点认为，不婚、晚婚是生育率下降的原因。按照这一解释逻辑，法国大革命后结婚率上升、初婚年龄下降，那么生育率应该上升。然而事实并非如此，法国大革命后的生育率持续下降。于是研究者提问：推动这一现象出现的真正机制是什么？

理论通常包含对一种逻辑关系的揭示。因此从理论出发的提问，往往需要更高水平的逻辑分析力，尤其是对已知理论的理解，将其与事实联系起来的意图，以及对其局限的洞察。而针对现象的提问，即使在不了解理论的情况下也完全可以进行。如果说，面向现象的提问主要关切事实是什么、究竟发生了什么，那么面向理论的提问主要关心的是为什么现象会如此、是什么原因造成的、已有的解答逻辑是否成立等。由于理论有预测作用——如果它是正确的，那么依照其行事就应出现预知的后果，人类可以运用理论知识来实现期待的后果，避免不欲出现的后果，所以人们对理论问题的价值评价通常更高。当然，针对事实的提问更基本，如果基本的东西不掌握，进一步的分析就不可能实现。不会走是跑不起来的，因为跑相对于走是更高速度的移动。

面向理论的提问主要关心的是
为什么现象会如此、是什么原因造成的、
已有的解答逻辑是否成立等。

指向因果关系

  理论问题回答为什么，即揭示因果关系。面向理论的提问多是指向因果逻辑。这种提问形式常常如此：某项结果出现的原因是什么？是什么逻辑导致其出现或者改变？实施（或出现）了什么行为、因素、事件、力量（A），导致了结果（B）出现？例如，计划生育政策是否导致生育率下降？如果停止了计划生育政策，生育率仍然持续下降，那么原因何在？指向因果机制的问题模式为：A 怎样导致 B？通过什么机制？怎样把这种机制描述出来？

  研究主题不同，因果关系可能形态不同。社会科学研究中常见的因果指向有几类：推动力因（forcing cause），比如什么力量导致革命发生；变量因（variable causality），比如哪些因素能够提升婚姻的幸福感；干预力因（intervention cause），比如社会福利政策是否激励了不劳而获的价值观；构成因（forming cause），比如地缘政治是否影响了民族主义情绪。无论指向哪种形态，因果关系都是针对事物间影响发生的原因链（cause chain），目标是把其中包含的一般逻辑揭示出来。①

> 因果关系都是针对事物间影响发生的原因链，
> 目标是把其中包含的一般逻辑揭示出来。

那么，什么是因果关系？休谟曾经给出几个判断标准——时空毗连、持续顺序、必然（恒定）、相伴而生。这是较为基本的，但还不够。比如，相伴而生完全可能是相关的，但并非属于因果关系。因果关系不是简单的归纳而是一种抽象。在经验研究中，因果关系是事物之间实际发生的作用、是关键性影响的简要表达。因果关系埋在证据深处，需要利用要素提炼出

① HIRSCHMAN D, REED I A. Formation stories and causality in sociology. Sociological Theory, 2014, 32(4): 259-282.

来。因果要素存在明确的方向：A 的活动使 B 发生变化，它是一种活跃过程，原因发挥作用，使结果出现变化。① 如果排除了这种作用，结果就不会出现。因果不是再现事件的发生链，在很多情况下，发生链与因果机制并非相同。发生链是具体经验现象的发生过程，因果机制则是推动改变发生的理论关系。仅靠观察发生链说明因果机制，科学就太容易了。②

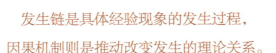

发生链是具体经验现象的发生过程，

因果机制则是推动改变发生的理论关系。

比如，早先人们发现从事远程运输的海员出现败血症的不少，那么可否把长期船上生活、不接地气看成是导致败血症的原因？之后有人发现多食柑橘的人较少出现败血症，那么是否可以把缺少柑橘看成是导致败血症的原因？这两个都是经验现象的发生链，好

① BUNGE M. Mechanism and explanation. Philosophy of the Social Sciences, 1997, 27 (4): 410-465.

② 彭玉生 . 社会科学中的因果关系 . 社会学研究，2011(3).

似相伴而生，但用前一个解释后一个不能成立，因为缺乏系统的共性原理揭示。当人们通过实验，了解了维生素 C 阻止败血的机理之后，才知道柑橘能够抑制败血症，不是因为它是柑橘，而是因为它含有很高的维生素 C，富含维生素 C 的食品都会有同样的效果。所以是维生素 C 发挥了作用，而非柑橘。

如何辨别因果关系？密尔建议采用比较和排除进行鉴别：尽可能收集所有可能影响结果的因素，运用比较——求同或求异，来寻找关键因果。如果在两个（以上）具有相同结果的案例中，总体收集到的因素大都不同，但有一个相同（它在两个案例中都出现），这个因素可能是关键因（求同法），它或许可以帮助解释为何案例结果类似。与此相似，如果在两个（以上）具有不同结果的案例中，总体收集到的因素大都相同，但有一个不同（它只在一个案例中出现），这个因素可能是关键因（求异法），它或许可以解释为何案例结果有差异。定量研究一般通过数据之间的相关概率——显著度、活跃度和稳定性测量，来排除弱相关关系，推测强相关、显著性高的关系有较高概率是为因。尽

管统计技术日趋复杂细致，但寻找因果的基本逻辑仍
是简单朴素的，它们到今天仍被许多学者使用。

反事实提问

　　反事实提问是研究中常现的思维方式，它和正向提问（如果……，则……）相反，表现形式是：如果没有……，则……。因此，反事实提问指的是，针对"逻辑上可能，但实际未发生"提问，通过比较假定条件来审核后果，目的是加强对事实结论可靠的信心。

　　有点拗口，不妨举例说明。有一个历史研究提问：20 世纪 80 年代的计划生育政策是否导致了生育率下降？这个提问的模式是：实施了 A（20 世纪 80 年代的计划生育政策），是否出现了 B（生育率下降）？这是一个事实提问，因为计划生育政策确实在当年实施了。对这个问题的反事实提问是：如果没有实施 A（20 世纪 80 年代的计划生育政策），是否会出现 B（生育率下降）呢？或者假如干预 A（之后在部分地区停止实行计划生育政策），B（生育率下降）是否会发生变化？显然，它是用一个假定条件的提问，看可能发生的（事实）后果，通过比较后果差异，审视事实逻辑正确与否。可以看到，反事实提问是针对假设性条件及其后果的研究。

<blockquote>

研究需要进行推论，而推论必须借助逻辑。

逻辑可以正，也可以反，都能说明问题。

</blockquote>

　　既然事实没有出现，为何要假设其出现？这样做有什么用？因为研究需要进行推论，而推论必须借助逻辑。逻辑可以正，也可以反，都能说明问题。如果事实逻辑揭示正确，那么反事实提问应该发现预期中不同的后果。对逻辑上存在的多种可能性进行评估，比较这些可能性及后果，有利于删选和排除无效的因素，或者是发现之前忽略的因素。比如，如果一个社会没有实施计划生育政策，但生育率仍然直线下降，那么就会促使研究者注意，计划生育政

策是不是生育率下降的原因，是否存在其他的原因，等等。

反事实提问作为一种思维方式，
可以启发更多证据的寻找，
帮助学者进行推论——尚未出现的事实是否会出现，
其逻辑根据是什么。

反事实提问作为一种思维方式，可以启发更多证据的寻找，帮助学者进行推论——尚未出现的事实是否会出现，其逻辑根据是什么。多年前，人口学者就开始推论老龄化现象何时到来，尽管当时中国还不是老龄化社会，计划生育政策仍为基本国策。但研究者当时就提出了有关的反事实问题：如果没有实施计划生育政策，老龄化社会是否会到来？尽管在当时这还只是假设性条件，但它预示了一种逻辑上的可能性。这种可能性启发了学者，依据当时的数据进行测算推论，提前作出政策警示。现在事实出现了，人们都看到而且已经知道，老龄化并不是无中生有的假问题，更不是无聊的焦虑，而是有价值的政策预期研究。该研究具有价值，得益于逻辑上成立的反事实提问。

反事实提问还可以帮助检查事实提问（试图揭示的）机制是否真实存在，从而对已知的逻辑作用进行效果比较及验证。比如有一个研究试图得出这样的结论：过去几年基层治理的官僚化愈加严重，原因是国家财政能力提高了（有钱了就不断下达支配性指标，指挥基层做事）。这个结论是否可靠？可以用一个反事实提问进行比较：如果国家的财政能力没有提高（几十年前国家还没有如今这样的财政能力），是否基层治理的官僚化就不会出现？如果答案是没有这种条件，基层治理仍然很官僚化，那么前面的"事实"结论是否正确？还比如有案例研究发现，道德激励使得村干部积极提供乡村公共品。① 为了多方验证，研究者思考了反事实问题：如果不存在这种道德激励，村干部将如何行为？他们仍会为村民积极提供公共品吗？这些比较性思考，可以拓展问题向有关方面延伸，比如，

---

① TSAI L L. Accountability without democracy: solidary groups and public goods provision in rural China. Cambridge: Cambridge University Press, 2007.

在没有道德激励的情况下，积极提供公共品的行为是
否会出现，以审视原来的事实结论——道德激励使得
村干部积极提供乡村公共品——是否真实。

假设性提问

从反事实提问中很容易看到，在研究工作中，提问完全可以是假设性的。这类提问往往根据已有知识，模拟不同的选项（政策、道路），看其"作用"结果，通过比较不同的后果推断，来分析取舍。故假设性问题在政策研究中很常见，它关注的事实虽然可能未发生，或者尚未全部出现，但预计也许会通过政策选择出现。

比如，有关中德贸易的研究。为模拟现实世界的复杂可变性，一份德国专家的报告讨论了如果贸易关系变动，将对德国经济发生的影响。它假设在逆全球化过程中可能出现五种不同程度的贸易脱钩情形，研究试图分析并预测，在任何一种情形出现时，德国企业将会面临什么样的成本，国家贸易政策应如何应对，以最大限度地减少对德国经济的损害。根据贸易脱钩的强度和范围不同，报告给出的五种假设情形依次是：

情形一：企业将部分生产迁回德国或邻国。

情形二：欧盟与中国脱钩。

情形三：更大联盟形成——西方国家与中国脱钩。

情形四：更稳定的大联盟形成，长期贸易协议出现——西方世界与中国脱钩，欧盟和美国之间形成贸易协议。

情形五：欧盟与定义为非民主政体的所有国家彻底脱钩。[①]

假设性问题在政策研究中很常见，它关注的事实虽然可能未发生，或者尚未全部出现，但预计也许会通过政策选择出现。

由于政策研究需要提前为决策作出预案，所以假设性提问的目标，在于根据情况和机会结构的变化，

[①] 王军．中国与世界脱钩？德国报告的启示．（2022-09-08）．FT 中文网．

判断各种可能。最坏的可能如果出现，便可为其提供应对之策及处理方案。它不可能等待事情发生后再寻找事实信息，而是提前根据已知的信息，研判各种结果出现的机会，这就需要通过假设性提问的研究来实现。

> 由于政策研究需要提前为决策作出预案，
> 所以假设性提问的目标，在于根据情况和
> 机会结构的变化，判断各种可能。

上述例子是关于未来现实的政策研究。针对过去历史的学术研究，假设性提问也有独特的对比价值。比如如果没有大学扩招发生，女性受教育的比例/数量会有所不同吗？如果西学没有进入，中国实施多年的人才选拔制度——科举制会被废除吗？这些问题，对于审视历史重大事件、探索转折点的发生原因很重要。再比如，在网络电子游戏中，常常有航海线路、建立同盟、扩大版图、摧毁部落等选择性设计，它们未必和真实发生的事实相符，但模拟游戏能体验不同

历史选择的后果。这种设计给了游戏者广阔的"创造"空间，开发者和游戏者都必须有假设性提问的能力：如果当时决定作出另一种选择，结局会是什么？很多科幻作品都运用了假设性提问，如果限制这种逻辑推断及替代性选择想象，会不会抑制观念创新？对此，我没有答案，只能交给读者讨论。

政策研究

政策研究由于需求——在课题申请，尤其是智库工作中常见，变得越来越重要，它正在成为专业学位教育的训练项目。政策研究需要以学术研究为基础，但相比于学术研究，政策研究提问的重点有差别。如果说，学术研究的目标在于发现现象，并解释现象发生的原因，提问重点在于探究是什么或者为什么，那么政策研究提问的重点，则是去发现实践中出现的困境问题，提供问题的解决方案，或者对一项政策（设计方案、实施后果）进行评估。所以政策研究的提问通常关切行动方案，包括怎么做、为何可行、需要具备什么条件、怎样使之有效，等等。

政策研究的范围很广，可以指向公共政策（实施者是政府组织或社会团体，比如如何解决脱贫问题），也可以指向企业政策（实施者是商业组织，比如一个新产品如何推出、如何定价）。政策研究的基本目标是通过解决问题改善社会或者企业治理效能。其提问一般比较具体：从一个尚未克服的困难出发，针对某一具体现实条件——法规、政策、制度、市场等，提供行动选择论证，回应面临的棘手困境。比如，具体到人口领域，面对出生率急剧下降、未来适龄劳动人口数量减少，政策研究会关心：这因何发生？程度如何？怎样遏制这一困境？再比如，具体到企业管理领域，面对企业用工难、养老金高启的困境，政策研究会提问：这是否与政策不当有关？应该作出什么样的政策调整？为什么该解决方案会奏效？

政策研究的基本目标
是通过解决问题改善社会或者企业治理效能。

政策研究应用的领域非常广泛，它不仅被职能部门所用，对公共治理进行政策咨询或评估，在经济领域的市场调研中也很常见。比如，公司如何提升盈利效率，企业如何满足新型市场需求，学校如何吸引生源，医院如何降低成本，行业如何精准确定需求群体，等等。这些都是组织决策，不涉及公共治理，但与企业的生存利益攸关，所以很多企业会设立自己的研究院，或者出资从专业机构获得政策咨询。

> 学术研究重描述现象的特征，并寻找导致
> 其出现的原因。政策研究关心的重点，
> 则是困境问题的解决方案。

同样是从社会现象出发，学术研究重描述现象的特征，并寻找导致其出现的原因（因果定律）。政策研究关心的重点，则是困境问题的解决方案。这两种提问方式虽然都在解答问题，但问题的指向有别，一个有关解答原因——寻找现象发生的理由，此乃认识社会；一个有关解决实际问题——寻找有效的行动方案，此乃适应或改进社会。学术研究更重基础，政策研究更重应用，但应用方案要准确得当，往往与了解基础问题有关。因此，虽然二者有区分——高校和科研机

构多从事学术研究，政府智库和市场部门多从事政策研究，但这些部门跨两类目标的研究也不罕见。比如，科研机构承接政府或企业的横向课题，为解决具体问题"献言献策"；政府智库和市场部门试图找到某个现象的原因，以便对症下药寻找解决之道。在这些情况下，两类目标问题都会被研究者提出。

表 2 简要总结了政策研究与学术研究的不同。

表 2　政策研究 vs. 学术研究

政策研究	学术研究
从当前问题出发	从理论困惑出发
提供解决方案	提供解释（原理）
提问指向：怎样，如何	提问指向：是什么，为什么
目标：解决现实问题	目标：揭示因果关系（原理）
产出：行动方案（政策）	产出：事实与解释
应用研究	基础研究

这两种提问并非截然不同，也不应该相互排斥或轻视。在一个健康的社会，虽然研究者的角色有分工，但如果决策者不屑于了解更基础的原因，就不会知道哪种解决方案有效；如果研究者不以改进社会为己任，他们的影响和贡献也会大打折扣。

有关价值的提问

　　人类的认识活动，不仅关切认识客观现象，还关切高质量发展及优良社会的建设，这需要研究者建立价值标准，对利害进行评估，以寻求更好的选择。因此，社会科学及人文研究关心价值问题，作为规范性知识，价值可以作为标准，用于鉴别什么是有益伦理、有益行为、有益关系、有益政策、有益制度等。区别于描述（指向事实，是什么）和解释（指向理论，为什么）提问，规范性知识指向公共价值（应不应该，正不正当，公不公平）的探索，借此对社会现象——比如行为、制度或政策——进行"价值评估"。这类知识的目标，在于发现对人类延续有益的生存原则，并力求将其转变成行为规范或制度依据。

　　在价值探索方面，社会科学和人文研究都常使用一些具有描述和评估双重含义的概念。例如，良善、德性、伦理、自由、平等，这些概念既是对客观现象的描述，具有事实客观性，又是对行为特征的评估，具有价值导向性，它们体现了人类对良好社会的向往。这些标准是通过个人行为表现的，而不是单指个人层面的。比如良善、德性、伦理、自由、平等，都是人们在共处及关联中所需遵守的，所以它们也是社会层面的。规范性知识事关文明社会的建立，需要创造。对这类问题的探索，可以通过确立或修正人类对于理想状态的界定[1]，来弥补解释性和理解性知识的不足，帮助人类朝着理想方向行进。

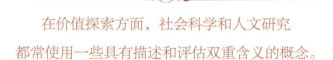

在价值探索方面，社会科学和人文研究
都常使用一些具有描述和评估双重含义的概念。

因为向理想方向前进，所以必须包含价值标准。什么是理想方向，什么是向文明行进，都需要通过规范性问题的辩论加以阐明。众所周知的例子如，马克

---

[1]　THACHER D. The normative case study. Chicago：AJS，2006（111）：1631–1676.

思提出的一个价值问题——相对于资本主义，社会主义是不是拥有更理想的分配制度？这里的更理想属于价值标准，马克思提出这一标准，是基于追求平等的价值——他期待通过社会主义克服人类不平等现象。这里，平等作为一项价值标准，并不是现实（因为人类活动就在不断造就不平等），而是一项价值创造。马克思使用这一价值标准，说明在他看来，对于广大的劳动者，平等是更理想的社会分配制度，而不仅仅是他个人的生活理想。

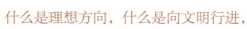

什么是理想方向，什么是向文明行进，
都需要通过规范性问题的辩论加以阐明。

　　有关价值的提问，关乎人们想要什么样的社会。因为我们不仅需要了解某个现象／行为的特点和来源是什么，想要知道它们的必要性和有效性，更需要认识它们对社会行为的激励，是否对社会整体有益，是不是我们努力想要实现的后果。①

―――――――――――――

　　①　张静.制度的品德.开放时代，2016（6）.

有关意义的提问

价值提问和探索意义分不开，这类提问特别容易发生在新生事物出现时。比如在市场经济发源并扩散的初期，有关商业行为的道德争议广泛发生：商业盈利活动是否道德？为什么是道德的？道德的意义何在？[①]这是一个典型的关于新价值有何意义的提问。因为商业交易行为广泛发生，其规模扩展当时是一种新现象，而商业关系与传统关系的道德原则存在差异，一些传统价值观不修正，商业交易就无法顺利进行。而消除障碍，就需要审视传统道德和商业道德（比如中国人所说的义与利）的意义差异。

有关意义的审视几乎无时无刻不在发生。比如，

---

① 赫希曼.欲望与利益：资本主义走向胜利前的争论.上海：上海文艺出版社，2003.

人身依附关系是否阻碍商业交易发生？看人下菜是否有违公平原则？数字化建设在提高效率的同时，是否会损害隐私权？追求效率将带来什么样的工具价值？为什么需要程序？公开审判为何重要？商业广告塑造了什么样的女性角色？女性广泛接受高等教育是否导致了生育率降低？这些指向评估的提问，意在阐发新的意义认识，有关的发现可能推动重要的观念变迁，一些常规价值衰落，另一些价值的重要性上升。最著名的例子是斯密对于商业求利行为的道德阐述：商人追求利益的动机，使之对市场需求敏感，力求通过生产或贸易提供产品，这在客观上满足了他人需要，因而逐利伦理具有正面意义。这是经济社会进入复杂阶段后的产物，因为在传统社会中，人们对求利的道德评价很低，利相对于义的正当性很低。随着人类社会的变迁，各种对价值的评估——它对社会究竟意义何在——有可能发生改变，所以需要不断研究，对新的价值进行认识，并给予正当性阐述。对意义的提问，就是通过寻找优先价值，为各种重要性排序，指引人们作出恰当选择。

> 对意义的提问，就是通过寻找优先价值，
> 为各种重要性排序，指引人们作出恰当选择。

　　价值评估对于研究者之重要，在于他们经常需要进行意义判断。比如，为何一些议题重要于其他议题？为何一些制度更为基本关键？一般的分析较少涉及这些问题，因为"意义"对于他们的解释工作而言，表现为要素关联的显著程度（事实），而非价值高低的分类。在很多研究领域，人们一般认为，从纯粹的经验现象中推不出价值证明，因为经验研究只关乎事实，它使用规范性知识，却无法证明它，就像无法从"是"中推出重要与否一样，规范知识和证明知识有各自"独立"的逻辑轨道。但意义提问试图做到这一点，它的研究问题选择，就包含了"是否重要"的判断，为什么要分析这个而不是别的案例？为什么要收集资料去证明一个不重要的问题？为什么要去研究一个对社会的影响微乎其微的问题？这些在一般的"中性"研究中不会过度重视的问题，却是社会研究者无法规避、

需要考量的。

　　比较棘手的是，由于意义存在歧义理解，价值存在多元标准，所以不同于自然科学研究中的价值一致，社会研究一定会经常面对价值冲突问题。为此，需要在一些相互对立的价值判断中，通过意义的探索，比较何者更为重要、更为基本、更值得追求。

面向争议

　　提问需要面向争议吗？这是一个很难回答的问题。

　　一般而言，知识生产一定会直面挑战，因为有很多似是而非的东西需要识别，所以思想市场的存在很重要，它通过观点晾晒、知识见光、挑战回应和激烈辩论，使问题得到不断澄清。要让思想市场真正发挥作用，保持活跃的争议空间非常必要。所以研究者一般都喜好辩论，他们把辩论看成重视的表现，只有重要的问题，才会吸引诸多高手加入辩论。

　　事实上，有很多重要的提问正是参与争议的产物。比如，法律与道德究竟有什么关系？这个问题针对德治还是法治的争议，希望促使人们重新思考二者的关系，比如合法与合乎道德是一件事吗？[①] 法律约束个体

―――――――――

① 彼得·萨伯.洞穴奇案.北京：生活·读书·新知三联书店，2012.

意志吗？法律中立于道德吗？法律是一种抵消个体自由的集体强制吗？法律和道德的交会之处在哪里？一位参与争议的学者举出德国民法典条文对道德法则的大量援引，证明为了规定人的自由意志，法律与道德法则必然会相遇，二者具有共同规制行为的领域，"都以人的意志自由为前提"。落入这个交叉领域的行为，势必同时服从于二者，因为一些属于道德的东西同时属于法律理念。道德要符合正义，那些不道德也非正义的行为，法律应该禁止。①如同斯密澄清市场与道德的关系一样，在这里，研究者从一些普遍的争议——市场及法律是否无关道德——出发，试图澄清普遍存在的误解。

事实上，有很多重要的提问正是参与争议的产物。

面向争议的提问首先需要识别争议中的重要问题，因为并非所有的争议都有价值和必要性——它们可能

---

① 奥托·基尔克.私法的社会任务.北京：中国法制出版社，2017.

是知识不足的产物，具有临时性。比如，地球是方的还是圆的？宇宙有边还是无限？随着人类对宇宙知识的掌握，这类争议逐渐消失了。如果没有事实根据，提问的价值就不足，因为很难得出确定的答案。基于想象当然可以提出科学幻想问题，但它们已经不属于实证科学研究了。

面向争议的提问首先需要识别争议中的重要问题，因为并非所有的争议都有价值和必要性——它们可能是知识不足的产物，具有临时性。

有一些争议与多样的个人选择有关，比如人是否应该结婚？是否要生孩子？应该要生几个孩子？这些问题属于个人偏好，不可能有统一答案。如果学者试图和稀泥，回答说婚姻令人愉悦，孩子一个太少，两个正好……事实证明，他们的说法根本无法左右人们的选择。因为是个人在主宰自己的生活方式，他们的父母都很难干预，更不要说专家了。这类争议的特点是不存在标准答案，也不需要标准答案，所以提问的意义不大。

　　介入争议是提问者必备的勇气，但问题应当是公共的、有事实证据的。比如上述关于婚姻问题，如果把要不要结婚（这种个人选择问题）换一个角度：婚姻生活有利于健康吗？这就成为一个公共的事实性问题。因为研究者可以对比已婚、未婚、离异、丧偶等当事人的健康数据、治疗病史、依赖药物、饮食质量等情况，来回答上述问题，从而为更多人的选择提供有价值的参考。

面向复杂性

  我们常提到社会学想象力。想象力在提问中的重要作用，是通过联想构造复杂关联，让问题涉及社会生活的各个重要方面。比如两个人吵架很平常，但如果双方分别有具有标识性的支持群体，情况就可能变得复杂。这要求研究者敏锐于日常现象和其他方面的关联，比如群体、种族、宗教、阶级、性别、职业等。这些属于社会组织或关系现象，将个体和它们关联起来，问其如何影响个体，将使问题有机会深入或扩展。了解个人和这些现象的关联，就是关注社会复杂性，会使问题的重要性得到提升。

  一个事件，对于不同群体的影响不同。关联想象有助于发现更具社会性的现象，促使研究者从联系个体、组织、角色、关系、不同社会或不同阶段的角度提出问题，而不是仅仅局限于个体现象。关联想象关注所有的人群及社会组织形态，而非仅仅是自己熟悉的人群或社会，它会激发思考——为何不同社会的人的行为不一样？这样你会更关注多样性、变化及差异，而不是假定他们的一致性，假定他们和你相同。比如，在社会访谈中，如果你问别人：你是不是积极进取？还不如问，为何一些人比另一些人更积极进取？是否不同文化产生的社会压力会导致人的行为目标不同？[①]什么制度环境能够有效激励人们积极进取？这些问题都更具社会关联性，更值得通过研究获得可靠答案。

关联想象有助于发现更具社会性的现象，
促使研究者从联系个体、组织、角色、关系、
不同社会或不同阶段的角度提出问题，
而不是仅仅局限于个体现象。

关联性使研究问题的复杂程度提升，深度增加。

① GIARRUSSO R, RICHLIN-KLONSKY J, ROY W G, ed. A guide to writing sociology papers. New York：Worth Publishers, 2007.

这些问题并非只用"是"或"否"就能够简单给出答案，而是必须深入分析。比如你问，社会经济地位影响婚姻的稳定性吗？答案仅为是或否，就没有什么更多的信息可以加入了。如果你问，相对于其他的职业特征，社会经济地位差异在多大程度上会影响婚姻稳定？问题的关联伸展就更广了，有机会收集很多其他的身份信息，比较这些变量的影响差异。这样的提问就比前面的更复杂，分析也更具深度。

关联性使研究问题的复杂程度提升，
深度增加。

由于问题往往并非只有一个确定答案，所以提问需要有利于整体的差异性探索。比如你问，社会状况对犯罪率有影响吗？这就不是一个好的问题，因为你和别人的答案（是的，有影响）不会有很大的不同。但如果你问，犯罪率的变化对经济差别特别敏感吗？这就是一个好一些的问题，因为这可以寻找多元社会证据，对不同的观点进行比较论证。关心不同答案的合理性，需要想象有人站在你的对立面，他们不同意你的结论，而你必须要寻找大量证据说服他们，如果就一个问题根本找不到差异性观点和立场，那你也不可能与已有的结论不同，这意味着你需要构想一个更好的问题。①

---

① GIARRUSSO R, RICHLIN-KLONSKY J, ROY W G, ed. A guide to writing sociology papers. New York：Worth Publishers, 2007.

面向改善

　　研究性提问指向未知，让问题包含"困惑"，可以提升问题的价值。什么是困惑？简单说，就是那些尚未找到答案，令人不解的问题，或者已经有人提供了答案，但欠缺说服力的问题。这里所说的不解，虽然有些是共识，但往往是先由个体发现的，有很深的研究者印记。换句话说，困惑是尚未说服研究者自己的问题，所以需要给出解答，同时说服他人。

　　困惑常有这样几个特征：第一，违背常识。比如没有用的制度为何存在？这里的困惑是，一个没有用的东西为何有存在的生命力？第二，存在矛盾。比如为何同一种条件，发展结果却不同？这里的困惑是，同样的环境、同样的政策，为何实施的结果相异？第三，机制不清。比如已经了解某种原因导致某种结果，但如何导致的呢？这里的困惑是，原因是怎样发挥作用的？具体过程是什么？第四，解释无力。比如某个理论为何与经验事实有差距？这里的困惑是，这个理论可以解释其他案例，为何解释不了本案例？第五，某种结论的根据已经消失或者发生变化。比如通常人们认为，是人口政策控制了人口出生数量，但如今放开了人口政策，出生率仍然在下降，这里的困惑是，控制生育政策为何不再影响出生率？

困惑是尚未说服研究者自己的问题，
所以需要给出解答，同时说服他人。

困惑能够引导新的信息探索，它使提问的价值绝对不低于给出答案。因为即使沿着正确的问题给出了不完善的答案，也比对错误的问题给出完善的答案更好。对于研究来说，结论不准确可以通过思想市场的辩论不断完善，但错误的问题则会把研究引向歧途。这类无效的"研究"，没有增加有用信息，更无法改善社会，完全是一种浪费和消耗。

结论不准确可以通过思想市场的辩论不断完善，
但错误的问题则会把研究引向歧途。

　　发现困惑需要确立改善的目标，洞察问题使之得到解决或改进。这是一个更高的目标——求证进取。如果对一切都满意，就谈不上改善。改善既需要挖掘事实，也需要了解已有的认识，让调研（证据）和阅读（已知）相遇，分开二者，或者只做其一完全不行。比如，已有认识对资本的经典结论是它的剥削本质，资本的意义是快速盈利，赚一把就走，它的每一个毛孔都沾满了鲜血和肮脏，会引发经济的无序和动荡。但这里的困惑是，为什么有些资本会奉行长期主义，从而带来有序的市场经济后果？

　　解答这样的困惑不容易，它需要研究者对资本的功能有深入观察，对人性有所了解，愿意离开从前的简单批判和否定，走向更具建设性的改进目标。简单的动机批判，结论就只能是消灭资本，或者控制资本的扩张。停止一件事，情绪上虽然很过瘾，却无法解决实际问题，因为改造人性实践上行不通，更无法利用资本为大众服务，启动经济活力。真正的困惑关心改善，有价值的提问总是力图面对现实改进认识。比如，什么样的市场制度和法制环境能有效激励资本选择长期主义战略，抑制其短期主义行为？[①] 这是一个正确的问题，通过发现不同的制度会激励什么、如何激励，将对市场经济的治理政策提供有益参照，推进制度实践的改善。

---

① 郑志刚.资本扩张的序在哪里?.（2022-05-18）.FT 中文网.

前沿问题

　　有不少人在意自己讨论的是不是前沿问题，他们总是在问前沿问题是什么、当前有哪些前沿问题。这不容易回答，要看定义"前沿"的标准是什么。

　　如果是实务政策研究，前沿问题通常是指重要、紧迫、各方关注、亟待解决的问题。这种情况下"前沿"的标准，是指前所未有的现象需要认识，它们没有经验可以依循，需要找寻新的路径加以解决。政策前沿问题的特点是：现象陌生、涉及公共、情况棘手、亟待处理，同时又影响巨大。

　　中国改革开放的实践中充满了这类前沿问题，它们在其他社会中很少出现，因此已有的经验无法提供答案。比如，（1）为什么高速社会变迁导致的利益不平衡，在很多国家引发社会动荡，但在中国表现得不明显？[①]（2）为何曾经有效的社会治理方法，逐渐失去效力？[②]（3）为何受过高等教育的年轻人成为不满的城市"蚁族"？[③]（4）为何乡村金融合作社的资金没有支持乡村发展？[④]上述问题虽然议题不同，但都和治理论题的前沿有关，问题（1）涉及历史路径对利益组织化的影响，问题（2）涉及旧的治理经验的失效，问题（3）涉及教育产出与社会结构进位的关系，问题（4）涉及农贷资金的惠农效率。所有这些议题，都符合前述的"现象陌生、涉及公共、情况棘手、亟待处理，同时又影响巨大"的特征。由于每个国家面临的紧迫问题有所不同，所以政策研究的前沿问题是不断变化的。

既然问题是不断变化的，那么热点是不是前沿？追随热点就能抓住前沿问题吗？我的看法是：未必。比如，近期有些热点讨论：是否要用职业教育和高等

①　张静.社会变革与政治社会学：中国经验为转型理论提供了什么？.浙江社会科学，2018（9）.

②　ZHANG J. Why is governance invalid at the grass roots of society? Chinese Political Science Review, 2016, 1(2): 224-247.

③　张静.社会身份的结构性失位问题.社会学研究，2010（6）.

④　张静.为何有些社会政策失去效果.中国社会科学评价，2021（3）.

教育对中学生进行分流？重要城市房地产是否要取消限购？大学哪个专业挣钱多应当报考？大城市是否要放开户口？这些问题涉及不少人的生活决策，所以成为热点。但这些问题基本都和个人选择有关，虽然有多人关切，但不同的人可以有不同选择，它们不属于公共问题，即不是需要由公共制度和政策改进来解决的问题。公共事务一般是指无法由个人负责，必须由公共制度负责的事项。研究大多不是为了解决个人问题，所以前沿应该在那些无论个人如何选择，都无法避免困境的问题上。这样的问题通常是由宏观不当，而非个人失误所造成的。

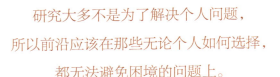

> 研究大多不是为了解决个人问题，
> 所以前沿应该在那些无论个人如何选择，
> 都无法避免困境的问题上。

如果不是政策研究，有没有基础性的、普遍性的、人类通用的问题一直存在，可以叫作前沿问题，需要不断探索？我认为应该是有的，比如涉及人类生存基本价值，同时又具有普遍性的问题——合作、自由、平等、公正的研究，以及通过何种制度保障并实现这些基本价值的研究——都具有前沿性。虽然其在社会中的表现方式不同，但我确信它们是各个社会都会遇到的共同问题，但尚未得到解决。

关键问题

　　常有学生问：为什么我老问不出关键问题？

　　这与能力和学识积累有关，着急无用，得下长期功夫。我们常常看到一些研究者，提出很关键的研究问题，和同龄人相比，为何他们能看到关键所在？

　　关键与非关键，有时是相对而言的，和紧张局势有关。比如当前发生俄乌战事，那么分析战事的缘起、目标、战略和走向，就成为较关键的研究问题。还比如，近年来种族冲突频发，那么新条件下的族群关系，也成为较关键的问题。这些问题之所以关键，一是局势涉及的生存利益和社会关联广泛，二是亟须相关国家的战略决策和冲突治理方案。

　　如果抛开紧迫问题，就长期的学术研究而言，当然也有关键和非关键的问题。如何区分它们呢？这就需要了解什么是关键。

第一，关键是指重要。重要不是看权力位置如何（比如把问题放到哪个领域、哪个部门处理），而是指这个问题和其他相关问题的解决之间，存在什么样的关系。如果这个问题的优先解决（得到正确答案）有利于其他问题的解决，那么这个问题相对于其他问题就更为关键。如果这个问题的解决，基本无关于一系列问题的解决，那么这个问题就不够关键，可以称为非关键问题。

如果这个问题的优先解决（得到正确答案）
有利于其他问题的解决，
那么这个问题相对于其他问题就更为关键。

第二，关键是指问题具有基础性质。如果一个问题的解决，使得更多问题存在的条件得以改善，是为基础性较高的问题。因为它对其他更多问题有影响，这种影响不可逆且大于其他问题对它的反影响。非基础性问题，一般没有能力触发基础性问题存在条件的改善。

> 如果一个问题的解决，使得更多问题存在的
> 条件得以改善，是为基础性较高的问题。

　　第三，关键是指能够直接触发影响。从哲学上看，万物是相互联系的，事物是不断转化的。社会现象，比如行为尤其如此，没有一个可以孤立存在，所以无法对其作出独立解释。但这不应成为研究无用的借口。影响存在区别，有些影响是间接的，需要经由其他中介才能发挥作用，一旦中介有误，影响作用就不复存在，有些影响则是直接的。研究者必须善于在这些相互联系的蛛丝马迹中，识别出直接的影响力量。

　　比如研究社会变迁，显然不是所有变化、所有影响都具有相同的分量和意义，需要把关键转型从一般的变化中识别出来，理清不会出现和尚未出现的差异、藕变和反复出现的区别，辨明无关紧要的日常活动与改变社会结构（社会关系）、观念力量（思想和信仰）、经济政治关系（力量分布）之间的差异。① 因为后者才

---

① 　理查德·拉赫曼.历史社会学概论.北京：商务印书馆，2017.

是关键的基础性动因，不会因为条件稍微变化，因果关联就即刻瓦解。

第四，关键还指重要的挑战，即那些能够触及流行的重大理论，但其正确性值得怀疑、必须颠覆的问题。比如改革开放初期，邓小平曾经提出："共产主义能够是贫穷的吗？"① 这一问题用通俗语言触及了当时流行的认知：增加个人财富是资本主义的。显而易见，这对于排除障碍、推动改革是关键性的观念问题。

---

① 邓小平文选：第 3 卷 . 北京：人民出版社，1993：254.

因果的角度

　　谈到关键问题，往往会关注寻找因果关系，因为因果提问可以有不同角度。比如问，为什么近年来中国女性不婚族增加？这就是一个较为个体层面的问题，因为不是所有地方、所有国家的女性都出现这种情况，而且每个人不婚的动机可能有异。但如果问题变成：什么原因导致教育成本上升？这就是一个较为宏观层面的问题，它需要面向经济、政治、文化等社会环境，而无法指向个体或团体的选择获取答案。这些问题都可以通过因果设问开展研究，但其层次有差别。

　　面向制度和行为模式的提问属于宏观问题，主要针对整体的、环境的、历史的、无所不在的、非个体的现象。这些问题的对象较少因个人差异或偶然行为而发生改变。比如，是什么推动了生产关系发生变化？此乃基本经济条件的宏观问题。而面向特定人物的思想信仰、特定对象的选择行为、特定事件的缘起等提问，都较为具体微观，策略多变，一般很难用宏观环境加以解释。但观察行为，有时也可以联系到更大的背景，比如有学者问：为什么马葛尔尼使团见中国皇帝选择用单膝弯曲表达尊敬？[①] 这看似是个别行为，但是其反映了不同文化、制度、身份等一系列宏观问题的缩影。

谈到关键问题，往往会关注寻找因果关系，
因为因果提问可以有不同角度。

除了上面说的微观和宏观角度，还有一种提问角度指向转换，即从个体现象如何转换为整体现象。比如，有学者问，群体暴力如何发生？这个问题关注个体参与的事件如何转变成整体事件，分析个人行动如何激活大量成员的反应，从而扩散为集体行动的

① 何伟亚．怀柔远人：马葛尔尼使团访华的礼仪冲突．北京：社会科学文献出版社，2019.

现象。

　　基于不同训练、跟随不同理论的学者，常常有自己的提问偏好。比如，历史、人文学者的提问重点，是寻找历史推动力因，例如，社会变迁和市场转型因何发生？多数运用统计数据的研究者，关注要素间的影响，例如，为何富裕社会的生育率普遍下降？而从事政策研究的学者，多数指向干预力因，例如，什么样的再分配政策能够避免收入两极化？相对而言，社会科学的质性研究者偏好构成因，例如，什么环境促使大量韩国人转而信仰外来宗教？[①]

　　这些提问都是指向因果关系的，但是它们重点各异，可以让因果问题呈现不同的焦点和深度。[②] 显然，哪些属于关键的因果问题，依赖研究者的理论判断，因为理论告诉他们什么是重要的。所以，在对立的理论追随者之间，很难找到共识，因为他们没有评价重

---

①　DANIEL D M. The impact of christianity upon Korea, 1884-1910: six key American and Korean figures. Journal of Church and State, 1994, 36(4): 795-820.

②　HIRSCHMAN D, REED I A. Formation stories and causality in sociology. Sociological Theory, 2014, 32(4): 259-282.

要性的共享标准。

在对立的理论追随者之间，很难找到共识，

因为他们没有评价重要性的共享标准。

一般化提升

在研究中，我们处理的常规资料都是具体的，或是案例，或是在某个时期、区域收集的即时数据、历史文献、访谈记录等。人们通常假定，分析这些资料，结论仅仅能够"证明"局部现象。但研究者往往希望发现能有更大的价值——能有助于得到更一般的认识，预测更多的现象，获得更大的解释力，即追求普遍性程度更高的知识。这意味着，研究工作有一个动机，就是尽可能将具体与一般联系起来，从特殊材料中发现普遍知识。

如何实现这一点？是借助对提问的一般化提升——对具体问题合乎逻辑地推论，使之达到更高的一般层级——来达到的。应该说，这是一种十分重要的提问意识，能够使研究问题的价值获得相当的提升。

如果一般问题比具体问题更重要，那么面对具体问题，如果有机会，谁会拒绝对更重要的问题作出贡献呢？这样说也许过于抽象，不妨举个例子，从一个具体的案例研究来看作者如何提升提问的一般化水平。

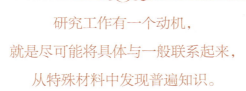

研究工作有一个动机，
就是尽可能将具体与一般联系起来，
从特殊材料中发现普遍知识。

在日本江户时代，既有全国性的"中央政府"（幕府），也有地方"大名"，约有 1/4 的领土由幕府或其封臣统治，剩下的 3/4 土地被 250 位左右的大名所控制。在财政政策和地方治理方面，大名管辖的区域都保持了高度自治，但并不是所有的大名都可以提升政治地位，得到幕府的提拔。学者发现，一直追随德川家康的谱代大名，具有更高的政治地位，他们可以进入幕府担任高职。而与幕府无关联的外样大名，则被认为忠诚度不高，其领地往往被转移到远离中央的偏远地区，他们没有晋升特权，且受到政治和军事上的歧视及限制。

  针对这一特殊的历史案例，研究者提出了这样的问题：在上述两类大名控制的水稻种植区，何者有更高的农业增长率？根据 1600—1868 年的农业增长数据分析，作者发现，外样大名控制的区域明显有更高的增长率。对照而言，与德川幕府有关系，且有政治晋升机会的大名所控制的区域，农业增长率普遍低了 10 ～ 16 个百分点。至此，江户时代独特的经济发展现象已经被数据揭示。但这种针对具体案例的问题如何具有一般性价值？

  作者的问题意识没有停留在局部案例的解答上，而是对上述特殊问题进行了推论性提问：与幕府具有政治关系的谱代大名，和没有政治关系的外样大名比较，他们各自控制的区域长年表现出经济发展差异，这说明了什么？它是否有助于认识一个更一般的问题——政治关联结构和持续经济增长的关系：没有政治关系的外样大名可以更有效地利用土地资源，更专注于提升地方经济实力？[1]

---

  [1] MITCHELL A M, YIN W. Political centralization, career incentives, and local economic growth in Edo Japan. Explorations in Economic History, 2022（1）.

　　这个提问，使得研究问题"脱离"了江户时代的案例，一改聚焦具体经验这一有限的目标，试图为更普遍性的政治关联结构和经济发展的关系提供认识。经此提问，江户时代具体经验的知识价值增加了。

应用研究的提问

如果说学术研究主要是追寻并评估因果的话，那么应用研究（比如政策）的特点，就是追寻解决方案，或评估法规干预实际的结果。两种研究都重视效用，不过学术研究重在关键影响的效用，应用研究聚焦实际做法的效用，其提问方式力求回答某项政策是否真正发挥了作用、是什么作用、可行性条件是什么、面临什么困难或风险、产生其他问题如何解决、行动备选方案是什么，等等。

应用研究关切的主题多和当下或未来的实践有关。无论针对什么具体政策，研究者一般都会提出以下几个问题：其一，当前发生了什么实际问题？它们通常是现实中已经发生或是将要发生、可能产生困境的问题。其二，该问题为何重要？有何潜在风险或不可接受的社会危害？其三，采取什么行动措施（政策／法规／做法）对解决问题可以奏效？其四，实行这些措施需要什么条件？它们为何可行？其五，实施措施的预计后果如何？它会解决或引发什么新问题？

应用研究关切的主题多和当下或未来的实践有关。

以近年来出现的老龄化现象为例，根据上述关注点，研究者可能提出的问题是：社会老龄化的危险何时出现？持续性如何？它将为社会带来哪些影响？可以采取什么措施降低或预防？为何这些措施有效？实施的预计后果如何？这些措施在多大程度上将有助于减缓社会老龄化？

除了针对当前政策，应用研究也常常设问过往政策，或者比较不同区域、不同时期的政策效果，总结有关政策实施的条件、经验及教训，来向历史学习。例如，有社会学者问道：鼓励消费（而非投资）的政策，将会带来什么样的社会后果？它有利于减少贫困吗？这位学者在社会保障政策史的研究中发现，政府社保政策关注的重点在于鼓励消费，它推动了两个社会结果发生：有限的国家责任、更高的社会贫困率。这种后果可以解答为何富裕国家仍存在大量穷人。学者认为，贫穷者大多来自不当的经济和社会政策"激励"，20世纪早期美国旨在推动进步的干预措施，实际上产生了明显的"非进步结果"。① 这类应用研究针对历史现象提问，目标仍是追寻历史政策的实际效用，尤其是不良后果，尽管当时政策的初衷也许并非如此。

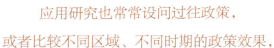

> 应用研究也常常设问过往政策，
> 或者比较不同区域、不同时期的政策效果，
> 总结有关政策实施的条件、经验及教训，
> 来向历史学习。

可以发现，应用研究并非仅从政策的目标动机出发，而是着眼于政策的实施，特别是对实际发生的作用进行提问。这样的提问，如果仅瞄准政策本身就不

———————————

① 莫妮卡·普拉萨德. 过剩之地：美式富足与贫困悖论. 上海：上海人民出版社，2019.

够了。因为政策实施的失败或者出现不希望看到的后
果，不是单一（有确定对象）因素所致的。不一定就是
政策本身的目标不明、推行者扭曲不力或者遇到强大
利益集团的对抗，也可能是在某种制度环境下，各因
素相互作用的系统性结果。追寻这样的原因，为具体
的应用研究提供了更广阔的视野，比如提问：为何一
个好政策（农贷优惠）难以发挥支持农业的效果？[①] 还
比如，在对政府信任不足的社会环境下，推行需要公
众配合的政策时，如何能够说服群众相信他们？[②] 这些
看上去是一个针对实践的提问，但事实上是在更一般
的意义上，对于推行政策的社会阻力因素展开研究。

① 　张静. 为何有些社会政策失去效果. 中国社会科学评价，2021（3）.
② 　TSAI L L, MORSE B S, BLAIR R A. Building credibility and cooperation in low-trust settings: persuasion and source accountability in liberia during the 2014–2015 ebola crisis. Comparative Political Studies, 2020, 53 (10-11).

关切公共事务

力图让提问有价值需要哪些能力？很多。

首先是研究者的精神特质，比如好奇、观察、敏锐、关切、勇气、判断等。具备这些能力的人总是想了解外界，思考对他们不是负担，而是生命的一部分，所以可以"轻松"地捕捉到问题。如果不得不费力地"想出"选题，那么就是观察和发现力不足。什么都不想发现、不敢探索，可能源于缺乏上述基本的能力。

以观察力为例。大家一起去到调研地，接触到的一手资料类似，为什么有的人发现了问题，有的人面对资料却苦于要写什么问题？显然是观察力有差别。比如我们在地方调研发现，那里制定了很多制度，贴在墙上给人参观，但实际问题的处理，却很少援引这些制度为标准，而是通过当事人协商，定出大家同意的新标准，不然处理了也不会执行。既然墙上的制度没有什么用，为什么要花时间和精力制定？它们存在的价值何在？为什么没有用的制度到处存在？这是观察现象可能盘旋脑际的问题，通过对这些问题的回答，研究可以发现正式及非正式制度在社会中的不同作用，为什么那些很少采用的正式制度不能被废除，它们在什么情况下才会被提及？显然，不在实际中观察很难注意到这些问题。

仅有敏锐观察还不够，
如何提升问题的普遍性及重要性很关键。

仅有敏锐观察还不够，如何提升问题的普遍性及重要性很关键。比如，不少人的话题离不开个人事务：恋爱、结婚、挣钱、找工作、养家、回馈父母……不能说他们没有观察，只是他们的思考局限于个人生活范围的经验教训。这没有什么不对，但很难说是有价值的研究性提问。因为这些问题关注的焦点，基本不在公共事项上，更准确地说，他们尚没有鉴别个人生活经验（特殊性）和公共问题（一般性）的区别，也没有能力发现二者的联系。很多看上去是吃喝拉撒、衣食住行的个人事项，实际上与公共环境（政策及规则）有关，把它们关联起来是一项重要的思考能力。

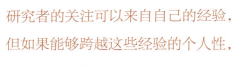

研究者的关注可以来自自己的经验，
但如果能够跨越这些经验的个人性，
进入公共性论题，会有更大的研究价值。

所谓公共论题不是指大家都在说的热闹话题，而是指那些不仅和个人有关，而且和相当部分的人群有关，涉及或能影响的不仅是自己的生活，还有他人的生活的话题。比如，从个人找工作的经验出发，了解是否相当多的人面临职业歧视问题，于是寻找歧视出现的原因和解决政策。还比如，从个人的社会关系挫折出发，探索社会关系的形成，为何人会结成群体，结成何种群体，为何群体会排斥异己，在什么情况下会出现群体冲突和对抗。更比如，从个人的育儿经历出发，询问代际影响，包括父母对子代的教化是否有效，哪些影响是短暂

的、哪些是长期的。这些研究问题的起点，可以是个人
或朋友的经验，但研究议题已经不再聚焦个人。研究者
的关注可以来自自己的经验，但如果能够跨越这些经验
的个人性，进入公共性论题，会有更大的研究价值。

问题的建设性

常见有人用"问题不具有建设性"来阻止批评者，导致人们对"建设性"存在广泛的误解：以为出主意、不批评就是有建设性。学界不少人因此反感建设性，认为建设性等同于拒绝反思的配合，是一种追随政治正确的讨巧行为。

其实不尽然。很多国家的政治制度存在差异，但即使是在不同的政治环境下，建设性一直被正面评价：有建设性意味着有能力影响制度和政策制定，因而可以助力改善社会。虽然缺少建设性的学术问题不一定没有研究价值，但具有建设性的学术问题往往研究价值更高。所以，如果追求有价值的学术问题，不应忽略建设性。

那么，什么是建设性？

建设性首先是一种研究态度：对公共事项的善意关切，因此充满刻薄、嘲笑、挖苦、讽刺的情绪性问题，建设性就不足。建设性是不挑动仇恨，不把社会或其中的某些角色当成一个恶魔，当然也不必然安慰，把人类当成巨婴。有些研究是专事哄人的，试图息事宁人，但对问题并不具有真切的关心；还有些研究专事攻击，例如网络上近年来出现大量两性相互污名化，它们制造了很多羞辱对方的语汇。这些所谓的"研究"，都建设性不足。

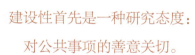

建设性首先是一种研究态度：
对公共事项的善意关切。

建设性还要求研究者着力于解决实际问题。有不少研究问题不失敏锐，提供一种警醒，但有失于提供解决问题的长远战略、方法和途径，相当短视。有些研究给地方出主意，试图教他们如何摆平当前事件，但压住当前却走不了多远，原因没有解决，不能治根本固长远，当然不会有实际改善的效果。这类问题不能说错，但建设性不足，因为看不到有实际应用和改善的价值。

建设性还要求研究者着力于解决实际问题。

建设性更重要的是推动社会的文明进步，而不是任其倒退。在这个意义上，批评和批判性问题，如果目标及效果在推动进步，阻止退步和腐败，也可以说具有建设性。这一点要求研究者对什么是进步、什么是退步有判断。这比较棘手，因为有时很难分辨它们。比如，我们看到不同的福利政策，有激励不同社会伦理的效果。有的政策，对申请者提出参加力所能及的工作要求，理由是人人都应通过劳动获得报酬，没有例外；另一些政策没有要求，只看是否达到某种贫困线，主张弱者就应该得到社会救助，不讲条件。这两种政策对社会的激励很不同。前者激励有付出方有得到的伦理，后者激励弱者无条件应得的伦理，他们应和其他人平等，即使不工作，也能获得尊严。那么，哪种是更进步的伦理呢？或者，哪种更能促进社会进步，而不是倒退呢？更进一步，为何福利政策要激励社会进步，而忽略结果平等？当社会足够富裕，也有能力的时候，福利制度仅仅用于平衡收入差别和不平等，就不够进步吗？

这些问题确实在困扰研究者，它们涉及价值——关于劳动和平等的价值选择。如果进步意味着追求对社会整体生存有利的价值，那么辨别价值选择之间的冲突关系、衡量这些价值的轻重缓急，对于研究问题的建设性，尤显重要。

问题的价值

有没有一些标准可以帮助判断问题的价值？

我认为，因研究领域和目标问题差异，标准实际上无法统一。每项研究主题都有一些排序在前、不可替代的重要标准。如涉及国际关系的研究主题，是否从国家利益出发，就是一个重要标准。一些与意识形态高度相关的领域，比如政治学，往往强调政治正确的标准。但即使如此，我们仍然可以观察到其他特征协助判断问题的价值。就一般的社会科学而言，具有以下几个特征的问题，得到多数承认，它们被看作可以提升问题价值的特点。

第一是真实性。它是指问题所涉现象真实存在，经验中可见，并非来自虚幻构想。社会科学常常发生什么是真问题的辩论。虽然研究问题无穷，但假问题会把研究带向歧途——你无论怎么研究，都不会影响实际的改善，也不可能增益知识。不过需要注意，受到眼界和洞察力的限制，人们有时将潜在于现实中的真问题当成假问题，比如，在计划生育时期谈论老龄化的问题。

虽然研究问题无穷，但假问题会把研究带向歧途——你无论怎么研究，都不会影响实际的改善，也不可能增益知识。

第二是明确性。它是指问题清晰、简洁、具体，而不是大而无当。"从大处着眼小处入手"，问题越明确，越不易东拉西扯或者蜻蜓点水，小题大做比大题小做更可能出扎实成果。比如科斯对社会成本的分析①，都是从一些具体的小问题开始的：为什么牛会走到邻家的地吃草？它反映了什么样的市场供需变化？对这种财产损害如何赔偿，方能获得更大的社会

---

① 科斯.社会成本问题.法律与经济学，1960（3）.

收益？学者对这些问题层层拨开，最后直至论证的核心——经济活动存在社会交易成本的差异。

"从大处着眼小处入手"，问题越明确，

越不易东拉西扯或者蜻蜓点水，

小题大做比大题小做更可能出扎实成果。

　　第三是针对性。它是指问题包含有待解析的内容，可以指已知的知识，与某种理论对现象的解释相关联。问题的清晰和真实是基本的，但不一定会有前进性贡献。想要有前进性贡献，需要让问题包含有待解析的内容——它们未曾解决，或者未曾有正确的答案。比如上述科斯的问题，意在揭示社会交易成本现象，而在当时，经济政策和法律判决都很少将社会交易成本作为分析原则。

　　第四是关联性。它是指问题能够联系事实和概念，有更新解释的潜力。比如，上述科斯的问题，将牛进入他人草地（事实）和社会交易成本（概念）联系起来，这样就有机会推进有关成本的知识，从而提出社会交易成本。

第五是伸展性。它是指问题可分解出新的重要议题，可加入新信息。比如上述社会交易成本的议题，后来分解出了大量议题：合约研究、企业和市场的差别研究等。可以说，社会交易成本议题具有很好的伸展性，成功启发了一系列知识的深入进展。

第六是一般性。它是指对这一问题的回答，不仅可以解答单一案例，而且有机会超越具体经验，对更大范围的现象作出解释。比如科斯的社会交易成本，已经成为普遍使用的概念，用于分析大量经济现象，而非仅用于解答科斯自己举的例子。

深化与颠覆

　　跨过学习和模仿的初级阶段，进入真正研究阶段的标志是提出探索性问题。对自己要求高的研究者，往往不会满足于原地踏步，比如做重复性的"现象发现"，而是朝未知的方向前进。保持前进，提问的思考方向非常重要。因为很多问题，虽然貌似在探索，但是前进的意义不大。比如某些资料从前没有得到系统性梳理，现在这么做了，这对于了解已知有价值，但并不能称为重要前进。显然，让问题前进是一种追求更大价值的研究意图，它不仅要求对某个领域的知识有所了解，更重要的是对"前进"有所判断。

　　对于研究问题而言，什么是前进？

　　在自己关心的领域中，处理前人尚未解决的问题，是为前进。这种"前进"的方式是推进深化

（consolidating）。它指继承前人已有的结论，并沿着同一方向继续推进，谋求进一步改善缺陷、弥补信息或者未知细节，从而使有关的知识得到准确性推进。比如，在家产制向职业官僚制转型的研究中，那些专业化程度低的旧官僚是否构成转型障碍？这个问题属于提供补充信息，因为在这个研究方向上，旧官僚的转型能力一直是一个问号。如果新的研究证实，在外部（跳槽）机会不足的情况下，相对较低级别的官僚会出现自我发展激励，普遍提升对知识储备和专业能力的投入①，就说明年轻的旧官僚大概率不会成为转型障碍，但资深年长的旧官僚可能会成为转型障碍。

保持前进，提问的思考方向非常重要。

如果上述深化的特点没有离开原来的问题方向，那么更具挑战性的探索是提出颠覆性（disruptive）问题。

---

① MIKKELSEN K S, SCHUSTER C, MEYER-SAHLING J, et al. Bureaucratic professionalization is a contagious process inside government: evidence from a priming experiment with 3 000 chilean civil servants. Public Administration Review, 2022, 82(2): 290−302.

这种研究不是延续处理该领域已提出的问题，而是进入它们尚未触碰的问题，提出一个新问题。在这种前进方式中，原先的结论并不具有引用、继承和深化的价值，它们不仅不是继续研究的焦点，而且需要被纠正，所以颠覆性问题往往会开拓全新的研究领域，它试图从根本上扭转原有研究的方向。

深化指继承前人已有的结论，
并沿着同一方向继续推进，
谋求进一步改善缺陷、弥补信息或者
未知细节，从而使有关的知识得到准确性推进。

例如，在解答资本主义转型问题上，历史社会学一直关心早期商人的社会地位及活跃作用。其中一个得到广泛认同的结论是：独立、活跃的城市工商业精英是引领资本主义到来的关键行动者。① 但有学者提

---

① HUNG H. Agricultural revolution and elite reproduction in Qing China: the transition to capitalism debate revisited. American Sociological Review, 2008, 73(4): 569-588.

出了颠覆性问题：为何在一些社会中，早期即已出现了独立而活跃的商人，却没有转型为资本主义商业社会？学者寇恩运用日本案例证明，在满足了"农业生产持续发展"的社会物质条件之后，资本主义转型的核心问题就不在于城市工商业精英是否活跃，而在于这个倚仗政治权力、不直接参与生产、掠夺农业产出的传统精英阶层能否被消灭。[①] 这个问题，在资本主义转型条件的研究中，扭转了"习惯一般特性的寻找，而不是根据社会自身环境，理解转型动态何以发生"的方向，这种习惯往往把一些不符合一般特性的社会看作例外，但它们可能预示了另一种转型条件，需要颠覆性提问引出。

> 颠覆性问题往往会开拓全新的研究领域，
> 它试图从根本上扭转原有研究的方向。

---

① COHEN M. Historical sociology's puzzle of the missing transitions: a case study of early modern Japan. American Sociological Review, 2015, 80(3): 603-625.

当然，并非所有的思考方向最终都会导致知识前进，前进需要经历思想市场的检验，通过公开的学术辩论和再证明得到准确评估。

将问题理论化

经验研究在三种情况下触及理论：分析框架受到理论的指引（此处理论是指推理的前提性知识）；证实／证伪或者修正某种理论（此处理论是指研究的靶标）；揭示某种理论（此处理论是指研究发现的一种新的命题陈述）。这三种情况下触及理论的角色不同，但都力图把经验现象和理论联系起来，这需要把经验问题理论化为明确意识。思考研究问题和已知（或未知）理论的联系，让经验产生更大的贡献：提供对一类现象，而非一个现象的解释。高水平的经验研究往往因此而获得价值提升。

如何实现这一目标？也许可以从以下几个方面得到观察：寻找自己的研究问题和已有的理论问题有何联系，挖掘出这种联系，从而将自己的问题置于理论

的脉络中；在有关的理论脉络中，提取关键概念，思
考自己的问题是否可以使用它加以分析；在有关的理
论脉络中，发现逻辑关系，思考自己的问题是否符合
或者违背这种逻辑关系；将这些理论的推论应用于自
己处理的经验材料中，思考其是否能够被合理解释；
比较这些理论问题的针对点或条件与自己的问题是否
一致，思考自己的问题能否对其作出新回应。这些做
法，显然需要研究者对本领域的重大理论问题有深入
理解，并尝试将自己的问题和相关问题联系起来，以
提升研究结论的理论意义。

思考研究问题和已知（或未知）理论的联系，
让经验产生更大的贡献：
提供对一类现象，而非一个现象的解释。

　　例如，两年前我和博士生小组进行了一项暑期调
研，主题是了解一个农业试验区乡村合作金融组织的
情况。访谈中我们发现，合作金融组织虽设在乡间，
但存贷率不高，不少乡村资金不是用于农贷，而是用

于进入城市（房地产、股市）发展。于是我们提出一系列调研问题：为什么合作金融的农贷效率不高？是否农户不需要贷款？如果答案是否，那么实践中究竟是什么导致农贷困难？这些是针对具体案例的，收集的材料也都是关于这个地区的。但与其相关的理论问题是什么，有没有可能将案例问题和理论问题建立联系，在哪一个点上建立联系，是我们一直在思考的。

> 将问题理论化需要研究者对本领域的重大理论问题有深入理解，并尝试将自己的问题和相关问题联系起来，以提升研究结论的理论意义。

根据经济学知识，我们知道一个原理：竞争有利于成本下降。这一原理与我们的案例有关，根据该原理的逻辑推论，如果多家银行下沉基层，它们的竞争可以推动农贷利率（金融收费、贷款利率等）整体下降。但事实上当地农贷的上述成本居高不下，这显然违背了上述理论逻辑。为何多数农户仍然以高于优惠很多的利率水平得到贷款？是什么现象导致农贷成本奇高？为何银行下沉的激烈竞争没有导致农贷成本下降？这是前述理论面对的一个经验案例挑战，这一点使理论问题有可能和我们的研究问题联系起来。①

于是，我们使用这个理论的一系列概念来分析试验区案例，比如利益、竞争、成本、激励、规则、协调、相融性，去发现妨碍农贷激励的制度环境：有哪些现实条件推高了农贷成本，使农贷优惠的目标和结果（政策效果）出现背离？相关行动者如何相互协调来确保自己的收益，从而可以针对"竞争导致成本下降"的理论，来回答在什么条件下竞争无法导致成本下降的问题？

---

① 张静．为何有些社会政策失去效果．中国社会科学评价，2021（3）．

理论与辨识

　　即使是经验研究，理论在提问中也有很重要的作用。理论可以帮助研究者高度重视一些现象，暂时忽略另一些现象。在缺乏特定理论的情况下，我们也许能记录，但无法分析；也许能看到平常，但看不到变革；也许能看到冲突，但无法辨别哪些冲突对于后来具有关键性意义。没有理论的作用，我们甚至无法评估提问的价值。

　　比如，不相信现代化理论的研究者，不会认为传统如何向现代转型是个重要问题。安德烈亚斯·威默认为，对任何社会都可以提问个人与组织间的关系如何、它们怎样进行资源交换、沟通协商采取什么方式。他以此来辨别不同国家的历史演进，认为无论异质或同质、传统或现代，所有国家都面临政治整合的任务，所以需要进入具体的历史过程，了解这种整合在哪些条件下能够取得成功，哪些条件下会失败，而不是指向现代化的一般抽象力量。[①] 很明显，他的提问是"非现代化式的"，他不受现代化理论的影响，就不会注意到传统社会和现代社会对政治整合问题的回应是根本不同的。

没有理论的作用，我们甚至无法评估提问的价值。

　　这可以解释，为什么面对同样材料，不同的分析者会提出不一样的问题，因为他们试图"发现"的东西不同。实际上，哪些令其敏感、哪些可以忽略，需要依赖他们头脑中的理论做出选择。比如，在生产力决定论指引下，研究者势必注意有关生产力变革的事实，在生产关系决定论指引下，研究者肯定不会忽略任何正式或非正式的产权规则改变。这意味着很多社会事实是在特定的理论框架下发现的，只有运用"传

---

　　① 安德烈亚斯·威默.国家建构：聚合与崩溃.上海：格致出版社，2020.

统与现代"的分析框架，才可能"发现"社会行为规则中不同于传统关系的现代性要素。如果不使用这一框架，就不会觉得这些所谓的"现代性要素"有多么了不起，因为在文化延续理论中，它们不过是传统的自我生长而已，并不具有质变差异。

这一点，让理论成为区分特征的思想来源。区分特征是研究者必须依赖的澄清能力，没有理论的处理，事实中的很多"性质特征"就混杂于历史资料中难以显现。比如，为何民营经济的出现对于当代中国的经济转型十分重要？为何多元组织类别的出现有意义？为何新的经济行动者是不能忽略的主体？对于这些要素的价值评估，既需要经验的证明，也需要理论发挥标准设定的作用，否则大大忽略它们的价值就在所难免。

区分特征是研究者必须依赖的澄清能力，
没有理论的处理，事实中的很多"性质特征"
就混杂于历史资料中难以显现。

社会科学研究在面对经验现实时，往往需要进行大量区分：区分无关紧要的日常活动与改变社会结构和观念的系统化力量，区分长时态经济政治社会关系持续和产生变化的关键时刻，区分个人关系与公共关系、个人选择和组织选择、个人思想与社会观念、人际远近与社会势力分布的格局、偶然变化与必然变化、不可能出现与尚未出现的变迁，可以说，需要把撼动社会结构的变化，从纷繁的一般变化中辨识出来。这种辨识显然必须依靠理论工具。因为并非所有的活动都起着同等重要的作用，大部分的人类活动，结果不过是在延续或重复社会和文化结构，并未带来显著和有意义的变化。①

---

① 理查德·拉赫曼．什么是历史社会学．北京：商务印书馆，2017.

理论与经验

经常可以看到这种情况：针对同样的材料，不同的研究者提出的问题不同，甚至同一个学者，在自己的不同阶段提出的问题也不同。这是为什么？因为他们拥有的经验和理论不同，也可以说思想体系不同。难道面对经验的研究问题也和理论或思想体系有关吗？

确实有关，因为是理论逻辑带动提问走向不同的焦点。这提示了两件事：对于提出好的研究问题，关心现实和阅读理论同样重要。因为理论可以使不同的现实经验彼此联系起来。

比如，基于现代化理论，对于后发国家的社会转型，研究者提出的问题多是：它们的现代性生长为何遇到障碍？是什么障碍？此提问的基本逻辑在于，对标于现代化理论的定义，（现实中本来应顺利转型）为什么却没有？还比如，基于社会转型理论，对于中国的市场化转型，研究者提出的问题常常是：为什么市场体制会在中国出现？在由国有企业占主导地位的转型经济中，是什么制度允许民营经济行动者与之展开竞争？[①] 此提问的基本逻辑在于，根据市场体系与再分配体系的对立特点，再分配经济现实中本不应有民营经济的竞争者出现，但它为什么出现了？这些问题关注的焦点不同，原因显然在于理论差异。

对于提出好的研究问题，

关心现实和阅读理论同样重要。

因为理论可以使不同的现实经验彼此联系起来。

　　面对大量的经验现象，判断何者更为基本和重要，须借助理论。第一，理论为经验解释提供模式，比如上述针对民营经济的提问是转型理论重视的问题。第二，理论使各地不同的经验研究彼此关联，比如现代

---

① 倪志伟，欧索菲. 自下而上的变革：中国的市场化转型. 北京：北京大学出版社，2016.

化理论把世界各地的现代化案例系统联系起来，使之分类为现代化的几个不同范型——东亚范型、拉美范型，早发的现代化范型、后来的现代化范型……第三，理论为提问使用的概念和变量配备框架，形成一种分析逻辑，比如对于"传统"与"现代"两个概念的关系，如何选择表示它们的经验变量（例如，用"家族继承"表示传统特征，用"自身成就"表示现代特征），需要现代化理论提供的逻辑。第四，理论赋予提问特别的意义，比如反对现代化理论的人，一般不会同意"传统和现代"的分类是有价值的。

面对大量的经验现象，判断何者更为基本和重要，须借助理论。

总之，无论是否承认，人们看待事实的方式，事实的特点、性质及意义，都和研究者使用的理论有关。① 好的研究背后常常包含理论的较量，即使是面向

① 托德·多纳，肯尼斯·赫文 . 社会科学研究：从思维开始 . 重庆：重庆大学出版社，2020.

经验事实的研究者，也无法轻视理论。

　　好的研究背后常常包含理论的较量，

即使是面向经验事实的研究者，也无法轻视理论。

理论与提问焦点

　　对于社会科学的研究提问,无法回避的一种麻烦是,理论是竞争又多元的,需要选择,在一种理论下有意义的研究提问,在另一种理论下不一定也具有同样的意义。比如站在制度主义理论立场上,行为规则和组织结构非常有意义,因为规则能影响行为,但从行为理论的立场来看,影响行为的是人头脑中的观念,它们会改变规则,所以规则不是那么重要。这些困难预示着提问指向什么焦点,有一个不太容易发现的基本条件,就是提问者需要有(或形成)自己(相信)的理论传统,所以如果感到提问非常困难,除了对现实关切不足之外,是否具备理论水平也很关键。

　　理论传统会影响研究的问题焦点,问题的提出往往和研究者认同的理论相关。这里所谓的理论认同,不一定一成不变，是指在某一个时期，研究者认为，某理论令其耳目一新，帮助他看到了新事实，解释了所见的经验现象。这种认同会影响他观察现象的角度，从而形成受理论影响的问题意识。

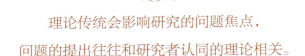

理论传统会影响研究的问题焦点，
问题的提出往往和研究者认同的理论相关。

以我自己为例。我在 20 世纪 90 年代写了《基层政权》，主要的问题意识明显受到"现代国家建设"（modern state building）这一历史变迁理论的影响。这个理论让我认识到，传统国家和现代国家存在重要的性质区别，这对我分析基层政权的特点及其行为判断都产生了影响。我从国家建设的现代演进角度，切入它的各种困境问题，所以研究提问中特别重视某些要素（比如现代国家的特征），关心这些特征生长面临的障碍。这种问题意识显然是理论影响的结果：它为我提供了对现象中不同要素进行组织的基本逻辑。理论会让你判断有些现象（比另一些现象）更重要，会把它们作为焦点进行提问，根据它们来设定自己的研究任务。

理论会让你判断有些现象（比另一些现象）更重要，

会把它们作为焦点进行提问，

根据它们来设定自己的研究任务。

　　会有人专门找不重要的问题研究吗？重不重要是因理论判断而异的。这种差别在不同学科的提问中表现明显。比如，社会学提问和历史学提问的侧重点常常有异。从史料文献证据出发，多数历史学者的提问焦点是：事实究竟如何？它是不是真的？何以证明是真的？但社会学的目标不仅在于描述事实，还在于说明行为变化的动力机制，更高的目标是解释它们的由来。解释就需要依据理论，故社会学看似面对现象，但实际上常常参照已知理论或理想类型来提问。这样，问题的焦点就变成：为何是这种互动关系而不是其他？这种互动关系在什么条件下出现？如何解释它们的出现？如何对现象进行分类定性？以哪些特征（理想类型）为衡量标准？这些问题既需要描述，更必须依赖分析，因为社会学对历史资料的处理，除了事实记录——故事、进程、成败、事件的前因后果——之外，还须揭示历史中群体行为的动力及其和规则（制度）演变之间互相构造的关系，描述它们的"结构生成"和变化（社会学语言叫作机制）。这些明显都需要理论来定义焦点。

分析框架

　　当选题确定后，很多学生总是问，我该使用什么分析框架？从哪里找到它们？如果试图从外部寻找分析框架，或者等待他人给出分析框架，这就表明还没有掌握经验研究的基本功。

　　分析框架必须来自自己的材料（证据），它是材料中关键要素关系的一种简洁表达方式：可以是描述性的，也可以是解释性的。尽管分析框架和研究者相信的理论可能有关联，但在没有熟知和掌握资料、发现现象之间的重要关联之前，任何分析框架都可能是脱离实际证据的，这样的框架无助于分析和解答提问。比如，之前通过阅读已经得知工业化往往和城镇化相关，于是你运用"工业化导致城镇化"去组织材料，试图从自己处理的城镇化材料中寻找工业化的起源。如果事实材料确是如此，还不算离谱，但如果你面对的城市案例是由贸易港口或者消费市场发展而来的，那么运用工业化和城镇化的分析框架就得不到证据支持。所以分析框架不能从外部寻找，它们必须是从证据中发现的，反映的是事实中的真实关系。换句话说，在没有整体掌握资料证据之前，如果已经有分析框架，也很可能只是假设，是一些有待证实的关系设想。

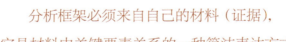

分析框架必须来自自己的材料（证据），
它是材料中关键要素关系的一种简洁表达方式：
可以是描述性的，也可以是解释性的。

如何形成分析框架？如果没有一些阅读，可能无法发现（或者不会注意到）实际材料中的要素关联。但阅读的文献可能涉及多个分析框架，它们代表不同的流派传统，有多少分析框架，实际上就会有多少分析路径。比如，对于资本主义转型的分析，一种分析框架是，生产力的发展改变了生产关系，因此，生产力是生产关系发生转型的根本动力；另一种分析框架是，产权关系的确定激励了效率追求行为、财富产出增加，于是生产剩余转向投资，生产力遂通过创造获得更新，因此产权关系的确定是生产力发展之根本。那么，究竟是生产力还是产权关系推动了转型？与其说是史料本身，不如说是分析框架对于史料的组织逻辑给出的答案。

分析框架不能从外部寻找，
它们必须是从证据中发现的，
反映的是事实中的真实关系。

　　还比如，"冲击 / 回应"框架重视中国回应外部挑战的方式及结果，在这一框架下，如果中国没有真正遭遇外部挑战，就不可能从内部出现自发转型的动力。这样，凡是和西方没有明显联系的中国近代史各个方面都是不重要的，西方的冲击或影响，成了历史述说中被凸显的重点。[①] 以中国为中心的分析框架，则相信

---

　　① 柯文 . 在中国发现历史：中国中心观在美国的兴起 . 北京：社会科学文献出版社，2017；葛兆光 . 中国思想史：思想史的写法 . 上海：复旦大学出版社，2004.

内因是变化的依据，转型必定始发于中国自身的需要和情势。在这样的分析框架下，和西方无影响关联的那些历史事实，对于转型解释的重要性自然上升。中国自身是否会产生转型的动力？历史内部的冲突作用，究竟是巩固了延续还是触发了转型？这些问题的回答与分析框架密切相关。

这两个例子，提供了对于转型原因的不同（甚至相反）看法，它们都是运用分析框架选择史料、组织史料关键要素关系的结果。显然，何者为转型的关键要素，并非由史料自动给出，而是分析者从史料中选出。因而选择什么、忽略什么，如何将选择的证据按照一定的逻辑组织起来并指向结论，都与分析框架密切相关。

思维逻辑

　　经验研究的一个重要价值观是遵守思维逻辑。逻辑是思维方式的显现，研究性的目标往往纯粹而单一，它是独特的，并非适合所有的思维方式。

　　首先，研究者需要遵从逻辑的自洽与他洽。前者指结论能够得到证据的支持，可以自圆其说，逻辑上不存在自我矛盾。后者指与其他相关逻辑得以切恰，能够相互一致，不存在矛盾。这要求研究者的提问应该前后一以贯之，而且与基本的公理不相违背。

　　其次，研究者运用的方法是公开的、可共享的，而不是私下的、独属于个人的。如果没有公开说明观察方法和推论逻辑，其他的学者就无从复核问题和结果的真实性，这样的研究不是一种公共行为，它或许有一定的可读性，但不能视为对社会科学有贡献。①

最后，研究者应区分不同性质、不同边界、不同时空的对象，分开处理，避免把边界之内的认识不恰当地推到边界之外。比如经验归纳及推论，是否可以默认在某一空间内有效的规律，在其他空间甚至全部空间中也同样存在？是否可以默认在过去时间中成立的规则，在当前甚至未来的时间里也同样存在？如果世界发生变化，和从前不一样了，那么运用之前的经验归纳及推论未来是否可靠？诸如此类的问题都需要谨慎处置。

经验研究的一个重要价值观是遵守思维逻辑。

提问的展开是由思维逻辑驱动的。我用本体论和历史论作为区分，举例说明逻辑差异对提问方向的影响。

本体论思维的目标，是回答事物的本质属性或自然属性，它必然要区分客观事实和主观感受、证据与观

---

① 　加里·金，罗伯特·基欧汉，悉尼·维巴 . 社会科学中的研究设计 . 上海：格致出版社，2014.

点之间的固定差异。在锚定问题方面，本体论的基本逻辑是构造事实的分类特征及客观属性，并以此作为定义，形成进一步展开分析的基础。这种思维逻辑假定，如果认识对象不具备固定的客观性质，或者这个性质可以被认识者的想象随意改变，它就不是客观事实。这一假定等于预设，凡客观事实，须有超越的、自在的、稳定的特征，方能作为范畴，奠定认识的基础。

提问的展开是由思维逻辑驱动的。

历史论的思维逻辑不一样，它对事物的定义不同于本体论。历史论视事物为相互联系的、主客交融的、具体多变的，因而很难具有恒定客观、独立超越的一般特质，也不可能通过认识去捕捉这样的特质。在这个逻辑下，如果客观和主观之间根本不存在不容改变的固定差异，那么它们就未必具有自在稳定的特征可用于进一步分析的"援引"。[①]

[①] 郝大维，安乐哲.期望中国：中西哲学比较.上海：学林出版社，2005.

　　因此，这两种思维方式有不同的提问方向。比如本体论思维希望了解事物的一般性，它假定事物按照性质不同各有统属，在同质性事物之间，存在普遍和一般性原理可以探求；历史论思维则放弃了这种想法，它希望认识事物的特殊性，假定事实是历史的、变化的、互为关联的，由于其本质属性并不恒定，所以不能进行同质和异质的定义之分。故历史论思维在提问方面更具体，很少具有将事物特征一般化的企图。

认知信念

提问以研究者的认知信念为基础，二者的关系无法回避。

为什么？因为信念影响着研究者要去认识什么，他相信什么，实际上极大地影响着研究问题的取向。"思维会给自然的事件和物体，赋予很不相同的地位和价值。"[①] 人们生活在一个特定世界里，所有的经验材料是特殊、零散、随机的，它们的意义在于组成相互联系，而建立这种联系依靠的是认识过程。经验材料可以用于证实，但如何组织它们用于解释？往往是信念和分析逻辑决定了认识者从现象中"看"到什么。

因此，在发现因果关系方面，信念和思维甚至胜

---

① 约翰·杜威.我们如何思维.北京：新华出版社，2010.

于数据。[①] 堆积数据和材料可以产生出好的故事，但通常产生不出知识。因为它通常只是感觉的绽放，目的是强化人们的感受，其联结的纽带是感情的连贯。"而思维则立足于某种有根据的信念，这种根据并非指直接感受到的事物，而是真实的知识，被信以为真的知识。"[②] 比如，在个别中寻找一般、在特殊中探寻普遍，这样的提问究竟有没有价值，是由认知信念决定的。

信念影响着研究者要去认识什么，他相信什么，实际上极大地影响着研究问题的取向。

认知信念会有不同吗？当然，而且很明显。比如，倘若根本不相信一般性特质在客观上存在，如何去探索它们？谁会探索自认为不存在的特质呢？进一步，如果没有这样的区分前提作为先验援引，在特殊具体的故事讲述中，如何会对一些关键不同——经验

---

① 朱迪亚·珀尔，达纳·麦肯齐.为什么：关于因果关系的新科学.北京：中信出版集团，2019.

② 约翰·杜威.我们如何思维.北京：新华出版社，2010.

的（可见的）相对于超越的（可信的），再生的（从有到有）相对于构造的（从无到有）——有所视见？如果不相信，认识可以被推进到定理／公理／原理的一般层次，有什么必要、怎么可能从特殊中发现一般？

因此，在发现因果关系方面，
信念和思维甚至胜于数据。

经验所见能举出一个事物的过程实例，但探索原理需要说出它的一般含义、普遍特征和不断重现的原因。当认识者这样做时，"就无可避免地要走出过程的特殊世界，进入观念和形式的认识领域"[①]。比如，托克维尔对于法国革命历史的叙述，服务于他对法国社会关键局限的发掘：绝对专制、中央集权的官僚体系、观念的抽象性和政治经验的匮乏。他使用史实，是为了揭示这些关键变量，阐明其在塑造革命进程中的作用，而不是为了展示革命过程本身。可以说，他摒弃

[①]　郝大维，安东哲．期望中国：中西哲学文化比较．上海：学林出版社，2005.

了编年的秩序，让叙事服从于观念的秩序。[①] 这里，所谓观念的秩序，背后显然存在相应的认知信念。

---

① 王涛.托克维尔与现代政治.上海：上海人民出版社，2016.

判断与知识

　　人们有关一些重要问题的争论，经常不是因为对事实认定有分歧，而是因为"对相同的事实有不同的理解"①。所以，仅事实本身，不能告诉我们"什么是正确的"，因为正确是一种判断。②尤其是当问题涉及解释，要去问"为什么"（原因）以及"该怎么做"（政策）的时候。比如，一个地区经济发展出色，这个事实大家都承认，但是对为何事实如此、怎么做才能继续保持繁荣的解答，往往来自判断。

　　判断常常以信念为基础。基于什么作出判断，与相信它正确有关。二者和复杂的事实信息糅合在一起，影响研究者的思想和观察。如果缺失了判断，即使我

---

① 张维迎. 我最喜欢的三段话.（2022-09-14）. 白象号网站.
② 海耶克. 致命的自负. 北京：中国社会科学出版社，2000.

们了解事实，也无法判定它们的性质、走向和逻辑后果。这种情况很像黑格尔所言，熟悉不等于知道。不能不说，这是一个极其尖锐的评判，如果事实和判断分家，可能对熟悉的事物也会一无所知。

如果缺失了判断，即使我们了解事实，
也无法判定它们的性质、走向和逻辑后果。

　　更进一步，判断需要掌握知识，以及对哪些是正确知识的信念。但复杂的情况是，没有见过世面，也就是没有经过选择的人，往往更容易产生信念。我们经常能看到，知识较多者往往不轻易下结论，无知者更容易相信，这样的信念基本上不是来自独立的观察、理解、认知和比较，而后从中选择正确的知识，而是来自传输，这不是判断，是从众。这种情况常现，表明没有知识也可以基于强烈的信念作出判断，曲解对事实的了解。最典型的例子是早期人类治病采用的求神方法，生病不去求医，而去求天和女巫，试图通过后者获得天人感应：神庙宏伟，仪式庄严，相信敬神可以祛病。英国历史上查尔斯二世病重时，为了放血，医生甚至剃光他的头发，用熨斗把头皮烫出血泡，然后刺破让血流出，当时没有多少医学知识，却有放血行医的信念。

更进一步，判断需要掌握知识，以及对哪些是正确知识的信念。

判断和情感的关系也很复杂。情感会产生很强的自我保护意识，导致猜忌事实而不是获取真相。比如早期人类学者进入土著人居住的森林时，为了接近并了解研究对象，他们利用食物吸引孩子，随后孩子的母亲前来营地找寻，多次和陌生人交往的孩子安全，让她们逐渐相信来者没有恶意，于是和人类学者的接触与攀谈越来越多。但这引起了族中男性的警觉，基于保护家人安全的情感和责任，他们猜忌来者具有不良动机，可能对他们产生威胁伤害，于是双方冲突的致死案例屡有发生。这种对事实的理解偏差，不仅由于他们对外界所知甚少，还因为家族情感及保护妇女儿童的强烈责任感。

因此，作为研究者，让判断和信念基于知识比较，而非基于情感和猜忌，十分重要。尽管让判断完全排除情感是不现实的，但明白情感和知识不同，必要时能够区分它们，还是可以做到的。

个人经验

　　我们常能感觉到有些研究角度新颖，这种差异来自思维逻辑，而思维逻辑的产生与环境有关。因为不一样的环境造成不同的经验，研究提问往往受到经验的限制：一个人很少能对自己不知、未见、无经验的事提出研究问题，如同俗语所说的，见识影响眼界。

　　我曾经和一个年轻理发师聊天，问他的职业经历，以及他对当前社会的评价。他提到自己求职困难，坦言不喜欢市场经济，因为东西太贵，房租太高，老板太催，同事太贪，生活太难。我问，如果和从前的计划经济时期比较一下，你更愿意生活在哪种社会中？他回答，没有经历过，不知道那是什么样子，反正父母当时盖房不用花现在这么多钱。我意识到这个问题的不合时宜——它只是从我的经验出发，我经历过不同的经济形态，但理发师没有，他是在改革开放后出生长大的，没有计划经济时代的经验，更不知差异所在，当然无法比较。

研究提问往往是从经验出发的。

但由于社会变迁，新现象层出不穷，

旧经验的局限会使人们难以理解新现象。

研究提问往往是从经验出发的。但由于社会变迁，新现象层出不穷，旧经验的局限会使人们难以理解新现象。比如父母往往奇怪，为何年轻人反感长辈探问、干预他们的生活方式和决定，因为父母自己就是在长辈的干预下长大的，觉得这种管教很正常，怎么现在就变得不对了呢？经验局限会影响研究者对宏观问题的理解。比如我们在阅读中常常发现，不一定能全部读懂域外文献，原因不在语言，而在经验差异。我曾经看到一则新闻，说瑞士政府希望向全民发放现金补贴，但此政策被多数民众投票否决，因为这么做会导致道德退化，他们不希望周边的人追求不劳而获，不想生活在缺少正确伦理的社会中。这一经验显然不是任何社会都有，如何理解其合理性，自然涉及对政策实施的环境、社会伦理的公共认同等重大问题的宏观判断。

　　人们对事实的理解也是基于自己的经验。比如，在特殊主义行为盛行的社会中，难以理解为何需要冷漠的婚前财产协议，既然分这么清楚，如此提防对方，为何还要结婚？反过来的不理解同样存在：不愿意区分清楚，是不是有掠夺他人财产的企图？不提前防止这种企图，待其出现导致无尽的麻烦，不是愚蠢吗？这两种不同的经验——以区分权利防止未来冲突，或者以不分你我表达诚意——会使人们对于事实的合理性本身的理解完全不同。

人们对事实的理解也是基于自己的经验。

　　这些局限在社会政策研究中表现尤盛，比如有提议让违反交规者自负责任，被大众理解为撞了白撞，城市人大代表也不愿投票通过，因为他们奇怪：对于受伤的一方，尽管他们违反了交规，但怎么可以实行这么冷酷的政策？还比如，利用权力照顾亲朋好友的腐败干部被处理，有很多人不解，难道有了一点地位能力，就应该六亲不认吗？更比如，按照程序行动被说成是烦琐的形式主义、不结婚生子被斥为自私自利的不孝，在社会变迁的时代，不同经验的理解局限比任何时候都明显，它们对当今研究问题的挑战力度前所未有。这一点是我们无法回避的。

主观意愿

　　所谓"认识"，究竟是发现事实，还是阐述个人意愿，对于提问是一个挑战。因为这两个东西常常被混淆在一起，需要加以辨别。

　　意愿是一种对事实的评估和看法，当我们的提问指向规范性问题时，提问往往和意愿分不开。比如什么是一个好社会？文明社会的标准是怎样的？这类问题加入了人们的期望，在这种情况下，提问引导我们回答主张。

　　对于经验研究而言，区分事实和意愿十分重要。特别是对公共意愿的客观研究，由于它们涉及不同的主观选择，常常存在分歧，所以个人的主观意愿可能被当成公共意愿替代事实，进而支配公共选择。比如一个学者希望建立有温度的社会，阻止人间温情消失，另一个学者希望建立法治社会，阻止人情对公正的破坏，他们所"揭示"的社会事实往往会有不小差异。如果把事实发现和意愿表达混淆，那么在研究提问的时候，面对的事实是什么，和它应该是什么，或者研究者希望它成为什么，就变成了同一个问题。

对于经验研究而言，区分事实和意愿十分重要。

　　意愿经常有变化，因为它常常包含对各种利、益、势、德的考量，很难剔除其看不见的影响，但事实本是相对超脱这些考量的。事实论证者需要清醒认识到这一点，与考量保持距离，依靠证据展示和方法共享，加入新的证据信息，支持、补充、修正，甚至推翻旧结论，且不把这种推翻看成敌意意愿。比如，在交通事故发生后，各方当事者都说是对方的错，自己没有责任，这是意愿，不能替代事实证据。还比如法庭辩论，控辩双方相互斥责，往往事关自我利益及道德意愿，也不一定是事实证据。

　　相对而言，事实相对稳定，可见可共享，所以比意愿更容易获得广泛接受，原因是它有独立客观的特征。而意愿则受制于不同的情感、立场、意识形态、利益、道德、个体经验和偏好的影响，很难独立于这些影响存在。事实的独立性使之更纯粹：它不是主观愿望，和研究者是否喜欢无关，和研究者认为它应该怎么样、希望它怎么样也无关。这确实非常冷酷，为常见思维所不喜。但之所以揭示事实才能使人信服，就在于它区别于文学虚构、情感宣泄、道德评判和个体偏好。

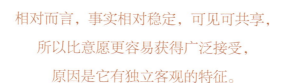

相对而言，事实相对稳定，可见可共享，所以比意愿更容易获得广泛接受，原因是它有独立客观的特征。

把事实当成意愿，如同把研究角色理解为宣传灌输，必将给事实发现的交流增加困难。比如社会学者经常使用"现代性"和"传统性"指设两种社会的异质特征。它们不是自然经验时间，而是基于特质的定义时间，用于理解不同的社会现象和结构。把这个定义看成一个事实描述，还是看成一个意愿表达，极大地影响着人们的交流效果。把它当成事实，会认为这个概念提供了有益的客观特征概括；把它当成意愿，则会说其厌弃传统，试图改造社会历史。

事实现象无论如何定义，必须有系统的经验证据为基础。比如社会科学研究有时用问卷收集公众的看法，市场研究希望了解消费者对产品功能的喜好，在这种情况下，公共（大概率的主观）意愿是一种需要发现的事实，因为对于研究者，它们是客观存在的，这和研究者个人的意愿完全不同。

固有范式

　　根据库恩的定义，范式是一种思维定式，它通过学习过程得到广泛的运用，常常被公认为理所当然。

　　然而，范式对提问很有影响。它既可以帮助发现，也可能妨碍发现。比如研究城市化问题，固有的范式很多：城市化即工业化，城市化即住高楼，城市化即多元移民，城市化即商业化，等等。在这些范式的影响下，研究城市往往要去收集这些证据。但各地城市的形成具有自己的特点，和当地经济形态或地理环境的历史形成有关。东北地区的城市化和工业发展有关，而西南地区的城市化却和农业闲季的社交消费活动有关，所以后者的工业化发展晚于城市出现本身，换句话说，工业化不一定是城市起因的相关现象。

　　有关范式问题，可以举出不少研究例子。比如接受了革命是阶级斗争的结果，作为一种思维范式，在研究社会冲突的时候，它会引导研究者去注意阶级组织问题。但世界上有很多地方是先有革命后出现阶级，比如有学者发现，上海的工人阶级在革命开始之后才逐步产生；还有不同阶级联合起来阻止改革或反抗革命的情况，比如美国的南北战争；更有因城市财政税制问题产生的革命，那里的阶级差异原本就存在，但在新问题出现前相安无事，并未出现冲突；还有宗教冲突，往往并不是不同的阶级信仰引起，而是跨阶级的信众开展政治（控制权）竞争的结果，在这种冲突中，人们普遍用信徒区分利益组织，而不是用阶级识别立场。

　　范式对提问很有影响。

　　它既可以帮助发现，也可能妨碍发现。

　　这些现象在社会研究中普遍存在。固有范式对于提问的影响不容忽视：它们的潜移默化"运用"，可能导致问题的焦点脱离实际。运用范式的人完全意识不到存在这种偏离，因为他受到固有范式的彻底制约，只注意某些方面，而舍弃了其他值得关注的事实。

固有范式对于提问的影响不容忽视：

它们的潜移默化"运用"，

可能导致问题的焦点脱离实际。

范式在历史研究中表现为史观，影响着研究者的分析角度。比如封建阶段论假定，中国有一个成熟的封建阶段，来自社会发展的阶段范式；还比如进步论假定，现代化发展不可避免，来自现代相对于传统更为进步的范式；更比如文明论假定，长期的历史造就文明（文明和延续时长有关），来自文明国家的历史范式。范式作为一些前期形成的知识，指导人们研究新现象的路径。一旦前期知识成为绝对前提，不加反思，就可能形成思维禁锢，如同俗语所言的"套路"一样，规范了研究活动。因而在研究中，固有范式不可避免地具有两面性：建设性和破坏性。

那么如何消除其破坏性作用？最重要的是保持批

评习惯，形成依赖事实而非范式的学风，可以尝试运用范式解释现实材料，当范式和事实不一致、不符合时，放弃范式而尊重事实。也就是说，突破一些既定的约束，需要永远把事实根据放在首位。

世界观

　　世界观，通俗地说，就是人们对世界的系统性看法。要求研究者持统一的世界观不太可能，其差异看上去和具体提问无关，但实际上可能存在不小影响。

　　比如，研究者对什么是公正的看法。一些人认为，公正不是抹平，而是承认差异，为社会贡献更多的人，应该获得更多的回报，应得所以公正。另一些人认为，赢者通吃会导致一个弱肉强食的社会，应该通过调节分配尽量控制结果差异，才是公正世界的样子。虽然这些看法属于应然并非实然，但世界观奠定了应然中包含的衡量标准，影响对社会问题——什么不是问题需要随其自然，什么是问题必须纠正改进——的评判。

　　如果我们把上述分歧简化为绩效竞争／平等扶弱的

世界观差异，那么在持绩效竞争观者看来，对富裕阶层实行高税收，用于帮助不工作的人，使一些人可以不劳而获、依赖福利生存，将会导致严重的社会问题。对于持平等扶弱观者而言，如果让强者赢得所有机会，使弱者频频陷入困境、难以生存，将会导致严重的社会问题。现实中，许多社会是在不同世界观中寻找政策的"动态平衡"。比如经济政策支持绩效优先，而社会政策支持扶弱优先。随着主流社会问题的走势调整政策，比如经济下行时期，鼓励提升投资绩效；贫富差异拉大引起社会不满时期，出台社会福利政策保障低收入者。也有一些社会通过频繁更换决策者，来平衡社会政策，人事或政治动荡常有发生。

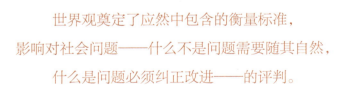

世界观奠定了应然中包含的衡量标准，
影响对社会问题——什么不是问题需要随其自然，
什么是问题必须纠正改进——的评判。

社会研究者必须面对世界观分歧产生的后果问题，因为他们的研究有机会成为社会政策。民众也有世界观分歧，但他们一般难以影响社会政策，不容易产生干预性后果。不过民众可以用脚投票，选择他们认为更对的制度环境生活、投资、工作，因为政策环境带来的机会不同。我们常常看到，当收税额提升时，一些财富"逃逸"，流向制度成本更低、投资更有收益、监管更为宽松的地方，或者流向社会福利更高、养老更有保障的地方。这些选择和他们的世界观极度相关。比如在民主党执政后，一些在美国的商人担心收税额提升，计划搬迁欧洲，原因是"感觉不公"：为什么政府对我们的辛苦劳动收取高额税费，用来付酒店租金，给非法移民、不事劳动的家庭无偿居住？中国在近年来加强了网络金融的监管后，出现了大量资金外流的现象。

社会研究者必须面对世界观分歧产生的后果问题，因为他们的研究有机会成为社会政策。

显然，社会政策具有实施后果，政策策划与倡议者的世界观有关。由于社会研究者有机会从事智库、国策、法律等制度设计工作，所以这些世界观分歧并非个人事项，它们涉及认同支持什么样的社会政策，甚至制度，这将导致重要的社会后果，真不是小事。

语言表达

语言和研究的关系很奇特。人们一般认为，良好的语言表达能力有益于研究。虽然希望如此，但事实上并非总是如此。原因是语言可以修饰和表达自己，但研究工作需要客观，追求语言华丽并不适合研究，因为研究的重点不是包装修饰，而需要准确表达事物本身。

这一点和提问有关吗？看一下这两个提问的差别：其一，体验不公：弱者为何愤怒？这是一个语文式的提问，重在感觉，采用张扬的、评判的、充满个性的语言，以便引起读者注意。其二，弱势群体对就业政策有何反应？这是一个研究性提问，它重在收集客观信息，采用描述性的、中立的、约束自我的语言，以便提供事实，而不是立场评判。这种差别提示了研究提问的语言并不是随性的，需要注意以下几个方面。

第一是语言描述的中性问题。研究提问关注的是事物本身——事实、证据、影响，试图通过证明，了解它们出现的原因。这个目标很有限，所以需要意识到研究作品和情感、立场、意识形态、价值观、利益关联的区别，虽然客观上难以消除它们，但需要尽可能降低它们对真实信息的干扰。比如，同情（同理心）是一种常见的情感，它既可以有助于研究，也完全有可能干扰对客观情况的中性描述。

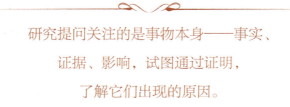

研究提问关注的是事物本身——事实、证据、影响，试图通过证明，了解它们出现的原因。

第二是语言的想象力问题。我们中学语文教育的文学传统，使学生运用词汇的能力很强，他们尤其追求文字美感、浪漫和想象力。研究工作当然需要想象力，但这是有关事物之间影响和关联的想象力，而且需要经过严密的论证去证实。研究所需的想象力，不是脱离事实、不关心证据的空想。但经验中我们常见，语文在很大程度上需要调动情绪，不然就很难有强烈的穿透力。但研究的感染力不是通过煽情，而是通过对发现进行正确解析实现的。

研究所需的想象力，

不是脱离事实、不关心证据的空想。

第三是语言的组织逻辑问题。语言和思维取向有密切关系，思维总是沿着语言所设定的路径前行。可以说，"一种语言是一个组织体，它系统地关注现实世界，以及认识领域的某些方面，同时系统地舍弃其他语言所关注的那些特征。用这种语言的人完全意识不到存在这种组织性，（因为）他受到这种语言的彻底制约"①。语言是在社会交往中形成的，不同的语言，由于历史文化的原因，往往重视的焦点不同，对事物的感知重点和表达方式也不同。语言的制约还表现为逻辑

① 罗伯特·沃迪.亚里士多德在中国.南京：江苏人民出版社，2019.

差异，比如记录事实或用概念表示事实间的关系，与传达情感及宣教行为的逻辑就很不同。[①] 所以，提问关注事实还是评断？评断依赖证据还是研究者偏好？这些问题提示了研究中随时自我反思的必要性。

---

① 罗伯特·沃迪.亚里士多德在中国.南京：江苏人民出版社，2019.

比较与衡量

    不少人会追求研究问题的新，但有时新也不一定意味着有价值，因为新和旧不是标尺，问题的进步性价值才是。进步通过比较与衡量实现，依靠系统性、有逻辑的论证达至。这些特点直接影响提问，认识到它们可以提升问题的水平。

    系统性指知识的相互关联性，它需要一种整体性的比较与衡量。有些问题看上去很小，但是属于一个知识系统的部分。解决这些问题可以对这一知识系统提供关键的支撑，甚至拓展。这样的问题比较有价值。例如，面对一个调研地点，研究为什么这个地方长期落后，这看起来是一个具体案例，但所提问题并不是孤立的，因为可以对这一知识领域——什么样的制度安排对发展有更大的激励作用——增加新的发现，为激励制度、激励问题提供互补信息，是一种支撑性贡献。系统性思考需要知识积累，不断了解已经存在的知识，分析它们的疏漏，并通过提出新的问题来修正缺陷。

系统性指知识的相互关联性，
它需要一种整体性的比较与衡量。

因此，一无所知并不能产生好的问题意识。有人会纳闷，那孩子不是也经常提出好的问题吗？难道他们不是一无所知？是的，但研究活动和孩子提问的不同在于，孩子是因为不知提问，研究活动是因为知识探索提问。这是一个探索的旅程，需要发现新的知识，需要不断前进，而不是重述已知。比如，一种新的语文术语或表达形式出现，你很难说它比从前使用的术语更进步，我们也不能拿 18 世纪和当今的文学作品比较，说哪一个更优秀，它们也许不同，各有特色，可是其价值无法用"知识是否进步"来衡量。研究则追求进步，进步必须有比较与衡量。如果一项发现属于原地打转，重复他人已经解决的问题，这也许训练有素，但价值不高，因为没有知识进步。

社会科学研究要求知识前进，不是原地踏步。它需要用今天的知识和过去所知进行比较，采用统一的衡量标准分析优劣，才能看到知识是否真正有进步。有些东西只具有比较特征，比如不同的文化只能比较；但有些东西确有一致的标准可以衡量，比如不同的文明程度就可以衡量。有 20 种做食物的方式叫文化，衡量哪种方式更有益健康则是文明；有不同观点叫表达，知道哪些观点揭示了客观关系（原理），叫作知识。衡量必须有统一的标准，知识进步也是如此。

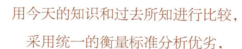

用今天的知识和过去所知进行比较，
采用统一的衡量标准分析优劣，
才能看到知识是否真正有进步。

有些人很抗拒，认为追求知识进步过于苛刻，难道我们不能沉浸并享受生活，细致描述日常冷暖，有感而发，这些难道不是发现，非要追求知识进步吗？

这是生活，但不是研究，这么做也许可以成为作家，但不能成为合格的研究者。个人可以选择自己的生活方式，但试图以自己的标准定义研究，要求研究仅把记录作为目标，不足取，因为这实际上拉低了研究工作的标准。

关联推想

　　提问需要的一项基础能力是关联推想。简单说，就是思考目标现象的存在和什么有关。是什么因素导致了该现象出现？它会导致什么后续现象发生？推想激发提问，提问开启研究——寻找证据看看这些推想是否为事实，社会科学研究称之为进行验证或论证。显然，如果头脑中没有这些关联推想，不可能产生寻找证据的动力，也没有寻找证据的基本方向：不知道该找什么，也不知道哪些材料不可错过、哪些材料可以忽略不计。

　　社会研究的目标就是发现事实之间的关键性联系，这些联系依赖推论思考。比如，你观察到一些社会富裕程度上升很快，另一些社会长期贫穷，而且很容易陷入动荡，如果你善于推想，就会有很多希望知道的问题：哪些人群容易陷入贫困（推论群体和贫穷的关联）？为什么赤贫现象很难消除？什么因素和此有关（推论未知要素和贫穷的关联）？贫穷与动荡会产生什么后续结果（推论贫穷和社会动荡的关联）？如何避免贫穷和动荡（推论治理政策和贫穷、动荡的关联）？社会应当怎样帮助穷人（推论制度、发展和扶贫的关联）？如果没有推论，所有这些研究问题都不会产生，针对贫困现象的研究也无从谈起。

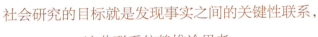

社会研究的目标就是发现事实之间的关键性联系，

这些联系依赖推论思考。

为了清楚区分关联两端现象的影响方向，社会科学用专门的词语（变量或者要素）来表达这种关联：因变量是指观察到的、希望要解释的现象，它因为其他因素而发生变化；自变量是指要寻找的原因现象，它的出现会使因变量发生变化，故又称为解释变量。比如，研究导致贫困的原因，"陷入贫困"是因变量，找到的原因则是自变量。有研究发现，"受教育程度"可以解释陷入贫困的概率，那么在这里，受教育程度就是自变量，贫困就是因变量。

因变量是指观察到的、希望要解释的现象，

它因为其他因素而发生变化；

自变量是指要寻找的原因现象，

它的出现会使因变量发生变化，

故又称为解释变量。

认真阅读高质量文献就会发现，所有的研究高手都有敏锐的关联推想能力，更有鉴别一般关联（相关）和关键关联（因果相关）的能力。不是所有的现象都具有同等重要的影响力量，有些因素更为基础，很难被偶然或个人行为所改变；有些更为系统，牵涉到其他很多现象，成为事物变化的关键前提——它变其他跟着变，但其他变并不会太大影响它自身的状态。可以说，研究者需要把撼动社会结构的变化，从纷繁的一般变化中辨识出来。随意推想关联是有选择的。选择的标准，是关键性和重要性价值。这一能力不仅依靠敏锐的经验感，还依靠丰富的理论知识，更依靠在经验和经验、现象和现象、经验和理论之间，建立关联的推想能力。

研究者需要把撼动社会结构的变化，

从纷繁的一般变化中辨识出来。

合理性

提到用推想关联帮助提问，一个容易忽视的方面，是在对要素关联的假想中，如何选择那些具有一致性关系的要素。举个例子，如果有这样一个研究问题：为何一些青少年（比其他青少年）表现出更多样的文化偏好？这个问题的另一种表述是：这类青少年的文化多样性因何产生？构想可能有关联的要素，通常人们不会把这个现象和身体的健康程度联系起来，比如问，是否更健康的青少年追求多样文化？同理，人们也不大会把文化多样性和气候关联到一起，比如问，是否在某些气候环境下成长的青少年表现出更丰富的文化多样性？

为什么不大会进行这样的关联呢？因为健康和气候，与文化多样性放到一起，逻辑上似缺少同一性原则。面对各种对象，研究者需要问自己，它们是不是同属性的社会现象？是否分类正确？是否可以把它们放到一起比较？这符合什么原则？性质是否一致？虽然这么做妨碍想象力，但是探索问题不应自设禁区。在逻辑上，不同类别（不同性质）的事物关联推想，需要考量它们能够关联起来的合理性。寻找合理的推想，说服他人才有可能。

在逻辑上，不同类别（不同性质）的事物关联推想，
需要考量它们能够关联起来的合理性。
寻找合理的推想，说服他人才有可能。

合理性属于系统化思维，除了分辨事物的性质和类别，还包括判断价值原则的一致性。比如，有研究探索早期教育经历的差异，是否对文化多样性产生影响，试图把教育经历和文化多样性联系起来，因为教育类别（比如音乐）和多元偏好，都可以用自由选择原则这一标准来衡量。二者可以用同一把"价值尺子"，说明共享价值的一致性，因而放到一起合理。研究虽

然不必专门阐述这种合理性，但不能违背合理性，自变量和因变量的选择需要符合合理性原则，这样研究内容才能相互关联，逻辑地导向"教育实践怎样影响文化的改变"的结论。而那些不具备合理性的研究问题，常陷于碎片化而不能察觉：虽有一堆文字，但缺少一致标准。

合理性属于系统化思维，
除了分辨事物的性质和类别，
还包括判断价值原则的一致性。

合理性还包括把整体和局部正确有逻辑地联系起来。从广度的角度看，从局部看整体，或者从整体出发到局部；从深度的角度看，从基本原则到观念再到行为现象，或者反过来，从行为现象到观念再到基本原则。这一"来回运动"的关联推理，需要合乎相互包含的逻辑，环环自洽而不矛盾，方可能使不同层次、不同范围的"事物"，彼此隐含的依存关系被正确提问。恰如沿着江河行走，可以从入海口上至源头，也可以从源头下至入海口 [①]，而不是首尾无关，使整体和部分分离。所以，好的提问推想需要关心合理性问题，它们是研究者哲学、逻辑和理论水平的体现。

---

① 约翰·杜威.我们如何思维.北京：新华出版社，2010.

联系专业概念

　　所有的专业训练都涉及一些特有概念，比如政治学的权力、权威、精英；经济学的货币、交易成本、理性人；社会学的角色、结构、整合；等等。好的问题往往不仅基于事实，而且能够关联两个以上，或者更多概念之间的关系。[①]

　　概念是对现象的抽象和简化。相对于天马行空、我行我素的研究，想到哪里就说到哪里的讲述者与训练有素的学者往往有别，后者可以运用专业概念，在较抽象的层次上工作。他们所利用的知识和逻辑，是由概念关系组成的，如果不关心这一点，就只能停滞在发表感想、讲述故事，充其量是回答描述性问题的

---

　　①　GIARRUSSO R, RICHLIN-KLONSKY J, ROY W G. A guide to writing sociology papers. New York: Worth Publishers, 2007.

阶段。

　　研究工作的一个传统，是用概念表征现象及其关系。用概念强调现象的某些特征，并将它们在一个逻辑系统中联系起来。概念基于现象产生，是现象的抽象形态，它需要精确描绘现象的特征，而且这些特征在经验上是可观察的。运用概念，使得现象更具分析性，但这种分析，并非机械地问两个概念之间的关系是什么，而是概括它们背后所指的不同事实——具有什么特征、是否存在关联。除非要谈及定义，否则应该避免研究问题只和一个概念有关，比如问，什么是犯罪，这就是在研究定义，用基本特征作为标准界定犯罪。但如果问题改成，为何犯罪率近期明显下降，这个问题更佳，因为它关联到了两个概念的关系，一个是犯罪率（下降），另一个是研究试图寻找的答案，这个答案现象也无法离开概念说明。

　　　　研究工作的一个传统，
　　是用概念表征现象及其关系。

运用概念可以是跨学科的，一些研究能够把不同学科的概念联系起来，提出新的问题方向，给人很多启发。我曾经读到过把气候特征和权力结构联系起来的论文，气候和权力这两个概念，一个是理工科的，一个来自文科，看上去差别很大，相距遥远，但这种关联能力提供了挑战性问题：权力结构因气候特征会有所不同吗？这个研究的作者真的发现了相关性：在气候越寒冷的时期，权力结构越集中。后续的启发提问是，这是不是因为需要强大的权威来抵御气候困境呢？另一个类似的例子是农业和牧业与家庭结构的关系，研究所用概念来自经济学和社会学，力图探明家庭结构的变化是否来自对不同经济方式的适应。

运用概念可以是跨学科的，
一些研究能够把不同学科的概念联系起来，
提出新的问题方向，给人很多启发。

近年来的数字历史研究，也为寻找现象关联提供了广阔舞台，比如科举成功人数与社会安定程度的关

系、人口变化和帝王更迭的频率的关系、精英亲缘的
分布结构与其国家认同的关系、财政赤字与代议制政
府的形成关系……这些研究能够大放异彩，都在于把
看起来不相关的概念（现象），通过实证的方式联系起
来。这些关联不见得都能得到证明，肯定有不少失败
的，但是不要紧，它们创造了有价值的研究机会。

非预期现象

众所周知，心理学揭示了动机决定行为的基本原理，提出人们可以从动机预测行为，但社会现象不仅如此，它更具复杂性。比如，倘若我们根据这个原理推论，一位母亲充满爱的动机，因此她对子女的教育一定会表现更好。完全不一定。因为爱可能有副产品：产生感情控制、道德绑架、回报依赖，很难实现心理独立，并这样去教育子女。所以好的动机不一定产生社会期待的现象。全球化也是一样，人们预计全球化将导致民族国家的权威下降，世界贸易的大范围开展，产品供应链的国际化，但当全球化产生了获利差别的时候，运用民族国家的力量重新建立贸易壁垒出现了。那么，全球化的后果究竟是什么？

非预期现象在社会中比比皆是，不能不拷问研究者的提问眼光。如果无视非预期现象，那么研究提问可能脱离实际。因为很多社会后果是非预期的，并非可以由明显的初始动机得到解答。

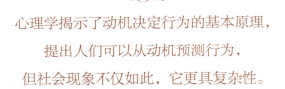

心理学揭示了动机决定行为的基本原理，

提出人们可以从动机预测行为，

但社会现象不仅如此，它更具复杂性。

　　一个普遍存在的观点认为，在国家建设（statebuilding）的过程中，司法能力和财政能力的提升必将并肩同行，一个新建立的国家，首先需要获得稳定的税收收入，来维持司法体系的运作。运作良好的司法体系，反过来又能为国家的财政能力保驾护航，支撑长期经济发展。这个论点的另一面是，如果一个政权面临着严酷的生存危机，无法确保税收收入的稳定性，那政府便毫无动力去进行司法体系的投资和建设，该国将会一直保持在相对较低的法制水平，对私有产权的保护也会很成问题。这个正规的思路很难解答历史事实：一个财政很弱的政府怎么会建立出强大的法律体系？你能够预期英国历史上的法制化发展，不是由公民社会或市场组织推动，而是政府找钱（动机）的意外结果吗？

如果无视非预期现象，那么研究提问可能脱离实际。

因为很多社会后果是非预期的，

并非可以由明显的初始动机得到解答。

但为何在 12—13 世纪，英国皇家司法院的办案数量突然增长，明显变得更高效、更专业化？是什么力量推动了这一发展？国家怎样增加收费司法服务敛财，积攒支付"狮心王"查理的赎金，渡过危机？这个过程如何推动了个人财产和商业利益获得更多的法律保护，使得司法部门的职能扩张，独立性增强，结果社会广泛受益——大众获得的司法服务更多，打官司不再是富裕者的特权？这是汉纳·辛普森提出的研究问题。① 他发现的事实是，初衷是为自己牟利，结果可能

---

① 狮心王，十字军东征，和普通法系的起源.（2017-12-26）.政见 CNPolitics.

使全社会受益。这样的提问，显然需要对非预期的社
会现象有深刻洞察。

真问题

经常听到一种告诫，称应当研究真问题。但什么是真问题？真和伪的标准是什么？从专业角度和日常角度出发，会有不同的回答。

日常角度一般都认为，面向社会真正出现的事实提问，就是真问题。用这个标准看，对没有出现的现象提问，就是伪问题，因为它不存在。比如20世纪80—90年代，中国尚未出现老龄化、生育率低的现象，如果有人研究人口危机，按照上述标准就是"伪问题"，因为它们当时根本不存在。从专业的角度看，如果一个现象尚未出现，但是根据逻辑（理论推论）必将出现，即一个现象在理论逻辑上应该出现，却未在当前实际出现，不仅不是伪问题，而且是重要的研究问题。比如，一场战争试图通过提升能源价格，导致目标国家市场混乱、经济和社会秩序垮台，但这样的结果并未实际出现，为什么？敏锐的研究者都不会错过这些问题，它们脱离了理论预期，反而激发了研究者好奇心。

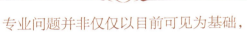

专业问题并非仅仅以目前可见为基础，
它还常常以理论上可现为基础。

虽然可见的现象是一个重要的提问来源，但以专业的标准看，某些尚未出现的事实不是不重要的。专业问题并非仅仅以目前可见为基础，它还常常以理论上可现为基础。这就需要鉴别尚未出现、偶然出现、必然（未来）出现和不必然出现。这些绕口令似的分类并非儿戏，而是研究者必备的澄清能力，否则对任何预期现象（比如期货市场）的推论，都不可能实现。专业角度需要作出预测和推论，这些预测显然并非以当前存在为目标问题，而是以逻辑上最有可能出现为目标问题。

日常角度和专业角度的另一个差别，是重复的答案，日常角度不介意答案重复，是真的就行。而从专业角度来看，有些问题尽管真，但在专业上价值不高。真并非专业研究追求的唯一标准，它还要求研究问题保持前进。如果都是真问题，但原地踏步不断重复已有结论，问题的价值就下降了。当然，可以理解，研究训练是一个过程，从生到熟循序渐进，在所知甚少阶段需要模仿性学习，无法避免重复，但用更高的专业标准（求知）来看，重复的真不等于有知识价值，因为它们属于已知结论或已解决的问题。

> 专业角度需要作出预测和推论，
> 这些预测显然并非以当前存在为目标问题，
> 而是以逻辑上最有可能出现为目标问题。

因此，从日常角度来看的不少伪问题，并非在专业标准上没有价值；同样，从日常角度看来的不少真问题，也不一定在专业标准上有价值。比如很多人研究社会冲突，早已发现权力竞争、利益损害、价值分歧引发冲突，而我们的研究问题仍不断以新的故事再述它们，不过是在用重现的材料说明已有的知识，尽管真实，但提供新知的价值非常有限。所以，追求前进还是原地踏步取决于使用什么标准。如果产出价值的对立面是无价值的内卷，那么满足于原地踏步，就是专业领域中最普遍的内卷现象。

伪问题

　　学界常常批评伪问题，意思是指提出了假问题，结论无效，更无意义。对于什么是"伪"，却是因发展而异、因人而异、因知识水平而异、因价值观而异的，标准很难厘清。有一些伪很明显，比如今天大家都知道，竞争是市场不可或缺的要素之一，但有研究问，没有竞争的市场如何出现，就是伪问题。因为没有竞争，或者不允许竞争，就形不成真正的市场，这种"人为市场"无法延续。但提问者不了解竞争和市场的关系，不具备有关市场的知识，就会提出伪问题。还比如，今天我们都清楚非营利组织的性质，但有研究问，非营利组织如何进行风险投资，这也是一个伪问题。因为风投是盈利行为，参与投资显然是在非营利包装下的企业行为，它不是真正的非营利组织。

由于学者的知识水平不同，常出现一方说另一方提出的是伪问题的现象。因为问题是否真伪需要用知识加以判断，而且有些问题的"伪"不那么明显，需要高手明辨。比如有一个反事实提问，如果法国革命没有发生，人生而平等的价值观是否会确立？极端的经验主义者认为，这是一个典型的伪问题，任何答案都会无效，因为法国革命已经发生，革命推广了平等的价值观，是不可推翻的历史事实，历史不能重来一遍，根据未曾出现的假设提问，无法找到证据的支持。

对于什么是"伪"，

却是因发展而异、因人而异、

因知识水平而异、因价值观而异的，

标准很难厘清。

但这个问题在逻辑上是成立的。逻辑上成立是指可以通过提问，进行合乎逻辑的推论，也可以通过寻找没有发生革命的案例进行比较，看看那些地方在当时是否广泛承认并践行平等原则，来比照革命对于平等价值的扩散究竟有何作用。在逻辑上成立、经验上不成立的问题，并非没有价值。判断问题是否有价值，经验（事实）和逻辑（理论）都有作用。比如上述的竞争与市场问题，换一个角度问，很可能不仅不伪，而且有价值：为何竞争会和市场同步出现？抑制竞争为何会伤害市场？上述非营利组织问题，也可以这样问：为何有些非营利组织加入风投？它们的组织性质是否因此发生变化？

有一些问题的"伪"，
是因为受到价值观、伦理观的限制。

有一些问题的"伪"，是因为受到价值观、伦理观的限制。比如经济史研究发现，高利贷现象在英国历史上出现，激发了经济学对于期货金融的好奇：为什么人们愿意选择借高利贷，来实现期待中的收益？为什么有些借高利贷者生存下来，没有崩盘？这其中的平衡点是什么？期货如何定价？它对经济生活的影响是什么？如何利用之？这些提问，使有关的知识——

二级金融市场、期货投资及其运转——获得进展。虽然在另一些国家，高利贷现象很早出现，但没有刺激金融知识的发展。因为高利贷活动扰乱市场，被绝对禁止，遂逐渐转入地下，获得信息的高度风险使研究不易实现。

意识形态问题

由于文科研究与意识形态存在相关性，因此不少学生觉得困惑：怎样区别它们？如何判断自己的研究问题是一个学术问题还是意识形态问题？

意识形态通过构造大众的信念影响社会，其特有的目标是提升自我地位，因此发展出活跃的自我肯定性、战斗性和排他性。自我肯定性表现在，意识形态往往要彰显自身独一无二的正确，而且要求给予肯定性回应；战斗性表现在，它有明确的对立面，期待受众站队；排他性表现在，它很少能接受对立者的答辩、质疑，或者否定，拒绝其他意识形态的挑战，以避免其对社会信念的影响力展开竞争，极端者往往具有宗教激进主义色彩——要求他人也严格固守自己的信仰立场，不然会作出惩罚。

这些特点使得意识形态的开放度较低，对其他意识形态体系采取高位态度，因而学习及吸收能力较弱，比如较少承认自己的局限性，特别是过错，因为这样做将削弱正当性。由于这种确信，在意识形态争论中，主张者对他者一般会表现出居高临下的评判态势，比如政治评判或道德评判，其标准是以立场是否一致、是否拥护观点来区分敌友。

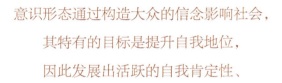

意识形态通过构造大众的信念影响社会，
其特有的目标是提升自我地位，
因此发展出活跃的自我肯定性、
战斗性和排他性。

这些特征和学术问题形成差异。学术活动要求一个不排他的开放体系，它依赖知识竞争、证据交流、观点答辩来发现正确知识，排除错误知识。学术论证需要自信，但不会停止质疑和否定，因为需要通过这些过程发现信息、了解局限、验证过错、自我更新。相对于评判敌友，学术问题更关心事实、根据和理由、问题，所以学术问题可以在多种意识形态环境下存在：
意识形态的不一致并非构成知识发现的障碍，同样，
意识形态的一致也不一定导致知识发展。

学术活动要求一个不排他的开放体系，
它依赖知识竞争、证据交流、
观点答辩来发现正确知识，
排除错误知识。

　　基于这些特点，比较容易识别的是，当提出研究
问题时问自己：我的目的是有关探索发现还是宣传维
护？我的态度是期待挑战还是不期待？我的评判标准
是基于立场还是证据？当对方的证据真实时，我是否
因为发现新信息而兴奋，同时愿意承认自己错了？

　　不太容易识别的情况是，所有的研究者都有自己
的意识形态，这潜在地影响着他们对规范性问题的评
断，尤其当研究对象是某种重要的意识形态体系时。
这个时候，也许可以通过这样的问题来识别：对于你
的问题，如果从不同乃至对立的意识形态立场出发，

是否成立？这样做它们是否仍有研究价值？因为学术问题放置于不同意识形态环境下仍可成立，但意识形态问题在对立的环境下常常失去存在价值。

图书在版编目（CIP）数据

学习提问：如何提出有价值的研究问题 / 张静著 .
北京：中国人民大学出版社，2025.4. -- ISBN 978-7
-300-33394-6

Ⅰ. B842.5
中国国家版本馆 CIP 数据核字第 2024RL5591 号

学习提问：如何提出有价值的研究问题

张　静　著

Xuexi Tiwen: Ruhe Tichu Youjiazhi de Yanjiu Wenti

出版发行	中国人民大学出版社	
社　　址	北京中关村大街 31 号	**邮政编码**　100080
电　　话	010 - 62511242（总编室）	010 - 62511770（质管部）
	010 - 82501766（邮购部）	010 - 62514148（门市部）
	010 - 62515195（发行公司）	010 - 62515275（盗版举报）
网　　址	http://www.crup.com.cn	
经　　销	新华书店	
印　　刷	涿州市星河印刷有限公司	
开　　本	890 mm × 1240 mm　1/32	**版　　次**　2025 年 4 月第 1 版
印　　张	6.625 插页 2	**印　　次**　2025 年 4 月第 1 次印刷
字　　数	90 000	**定　　价**　69.00 元